ENVIRONMENTAL MANAGEMENT

本業と一体化した環境経営

金惠珍 【著】

東京 白桃書房 神田

まえがき

　環境破壊の危険が叫ばれて久しいが，今のままの状態を続けると，われわれの社会は本当に崩壊するのであろうか。過去には，いくつかの文明が崩壊してしまった例がある。現代は石や木の道具しかなかったその頃とは違って強大な科学技術を持っているが，過去の崩壊事例は参考になる。これについて，シャレド・ダイアモンドの著書*Collapse: How Societies Choose to Fail or Succeed*（楡井浩一訳，文明の崩壊）は，おおよそ次のように述べている。マヤなどの崩壊は，すべてその社会の最盛期の直後に起こっている。特に，マヤは，当時の最も進んだ社会で，創造性豊かな社会であった。貧弱な文明だけではなく，あのような当時の優れた社会でも崩壊している。また，自国の欠陥ではなく交易相手の環境破壊のあおりを受けて崩壊した例もあって，現代のグローバル化に伴ってリスクが拡大している現代への警告としている。しかし，逆に，過酷な環境にあっても，崩壊は必ず訪れるものではなく，その社会が取った選択次第であると述べている。

　これから，われわれは豊富なデータと明晰な分析を駆使して，環境破壊の危険を避けていかねばならない。環境対応はコストがかさむという従来の考え方を捨てて，環境問題をコントロールすることは企業の持続的成長につながると認識すべきであり，地球を保持し，現代の文明を維持する方策であることを肝に銘ずるべきである。そして，トヨタ自動車のプリウスの功績は，環境で利益を上げられる明確な証拠である。

　2012年に誕生した安倍晋三内閣は，長引くデフレからの早期脱却と日本経済の再生のために日本企業の国際競争力を高めようとして，2014年に「責任ある機関投資」の諸原則である日本版スチュワードシップ・コードを公表し，2015年には金融庁と（株）東京証券取引所によって企業が守るべき指針であるコーポレートガバナンス・コードを公表し，適用した。これらによって，日本企業は長期的視点に立った持続可能な環境経営を行う必要

があり，そのためにはイノベーションを起こさないといけないとしている。

　本書では，地球環境問題に焦点を合わせ，これまでの環境経営を振り返り，21世紀の持続可能な社会の実現を目指した環境経営のあり方を検討し，本業と一体化した環境重視の経営について論ずる。

　一体化した環境経営は，ヘンリー・フォードが T 型 Ford を世に出したときに，すでに取り入れていた。彼の著書 *Today and Tomorrow*（稲葉襄監訳，フォード経営：フォードは語る）によると，T 型 Ford のハンドルにそれまでは木材を使用していたが，それを今まで捨てていた麦藁などから硬質のゴムとそっくりな物質を開発し，それを使うことにしたと書かれている。最良質の木材使用から，麦藁に代替することができ，コストの節減につながったとのことである。

　本書の構成は，まず地球環境問題に対する企業を取り巻く現状を把握するために，第1章では地球環境問題について，第2章では持続可能な開発について整理する。次に，これを受けて実際に日本企業が実践している状況を把握するために，第3章と第4章では日本企業の主な環境経営について分析する。そして，いくつかの企業による環境経営の状況を把握するために，第5章では事例を取り上げる。

　本書が，若い世代を刺激し，解決への思考を促すことに役立ってくれることを願っている。また，企業のCSR担当者が環境経営に関してdataを検索したいときに本書を利用して欲しい。さらに，途上国での製造委託関連リスクの高まりから，サプライチェーン関連の取り組みが求められており，この参考として，付録に「環境経営学会サプライチェーン・サステイナビリティ診断ツール」認識編Ver.2.1aと実践編Ver.1.1を付ける。

2016年夏

金　恵珍

【目次】

第2章 環境経営

第3章 日本企業の資源利用関連取り組み

第**4**章　日本企業の実践状況

第5章　企業事例

第1章 企業を取り巻く現状

■ 1.1　環境問題

■ 1.1.1　地球環境問題の台頭

　環境問題とは，人類の活動に由来する周囲の環境の変化により発生した問題の総称である。これらの問題には，廃棄物問題や大気汚染・土壌汚染・水質汚濁，地球温暖化の危機，生物多様性の喪失などがある。現在，環境問題は，貧困や紛争などと並んで主要な国際政治問題の1つと位置付けられている。その解決に向けて，国際的議論を行ってはさまざまな取り組みが進められているが，経済発展に絡んだ生活向上との折り合いが付かなかったりして，行き詰まりを見せている。

　環境問題は，大きく公害問題と地球環境問題の2つに分けられる。公害問題は，1960年代から1970年代に発生した産業公害で，その発生原因は企業による地域内の局所的環境問題であった。しかし，一方の地球環境問題の最大のものは，1980年代に入って台頭してきた地球温暖化を挙げることができ，その発生原因が複合的で，一国のみならず広範囲に及ぶ環境問題である。

　前者の産業公害は，大気汚染，土壌汚染及び水質汚濁などによって健康

被害を起こしたが，元凶が誰かを判別することが容易であったし，その対策として加害企業における原材料の変更，生産工程の改善，公害防止装置の設置を行うことで改善できた。

　後者の地球環境問題中，最大の地球温暖化問題は，人間の活動によって温室効果ガスが空気中に増加したことで起きている。そこで，汚染源が不特定多数であり，汚染の元凶を特定するのが困難で，国境を越えて起こり，世代を超えて長期に及ぶ可能性が潜んでいる。これらは，すべての人が加害者であり，被害者になり得る。そこで，多くの国々と人々に影響を与えていることから，その対策は地球規模で行わなければならないにもかかわらず，しかも因果関係が明らかになっていないのに，大量生産，大量消費，大量廃棄によって引き起こされたとし，それに対するコスト負担を企業に要求している。企業の生産活動の結果として，地球環境への負荷が生じているとの認識に基づいてのことである。しかし，どのような対策を施すべきかがわからず，解決できるかどうかがはっきりと見えてきていないのが現状である。

　地球環境問題が台頭するようになったきっかけは，1972年3月に公表されたローマ・クラブ（Club of Rome）[1]の『成長の限界（*The Limits to Growth*）』という報告書で，人口の増加，資源と地球の有限性に着目し，世界人口，工業化，汚染，食糧生産及び資源の使用の現在の成長率が不変のまま続くならば，来るべき100年以内に地球上の成長は限界点に到達するであろうと警告を発したことによる。[2]

　このような警告の可能性は，図表1-1のようにわれわれの生活を支えている天然資源の可採年数と埋蔵量からも確認することができる。1950年代に中東やアフリカで大油田が相次いで発見されたことにより，エネルギーの主役が石炭から石油へと移行し，それによって社会は発展を遂げてきており，その使用量が増大するにつれ，枯渇を憂慮して代替エネルギーの開発が叫ばれるようになった。しかし，石油に代わる代替エネルギーの開発は容易でないために，石油資源を長く保つ必要性が生じた。石油資源を長く保つには，使用量を減らすことで可能になると見ている。

　地球環境問題は，産業革命以来，石炭や石油などの化石燃料を利用する

図表1-1　世界のエネルギー資源

資　　源	可採年数	埋　蔵　量
石油	52.5 年	1 兆 7,001 億バーレル
天然ガス	54.1 年	187.1 兆㎥
石炭	110 年	8,915 億 3,100 万トン
ウラン	120 年以上	5,902,900 トン

注: 可採年数＝確認可採埋蔵量／年間生産量。ウランの確認可採埋蔵量は費用130ドル／kgU 未満。
　　石油・天然ガス・石炭は2014年末，ウランは2013年1月1日現在。
出所: BP［2015］*BP Statistical Review of World Energy June 2015.*〈https://www.bp.com/
　　content/dam/bp/pdf/energy-economics/statistical-review-2015/bp-statistical-review-of-
　　world-energy-2015-full-report.pdf〉(15 June 2015)，pp. 6, 20, 30.
　　OECD Nuclear Energy Agency & International Atomic Energy Agency［2014］*Uranium
　　2014: Resources, Production and Demand.*〈https://www.oecd-nea.org/ndd/pubs/2014/7209-
　　uranium-2014.pdf〉(11 September 2014)，p. 9.

ことによってエネルギーを大量に消費したので，二酸化炭素（CO_2）排出量が増え，そのために地球温暖化問題が起きているといわれている。石油，石炭，天然ガスといった化石燃料の燃焼によって，二酸化炭素濃度が増加しているとして，エネルギー資源を節約することで地球温暖化問題を改善することができると見ている。このように，地球温暖化問題がクローズアップされたことで，エネルギー資源と地球温暖化問題には密接な関係があるとされ，それを緩和するために二酸化炭素排出量の削減に力を入れるようになった。そこで，地球温暖化防止の適切な対応として，電力消費を抑えることがあると一般には見られている。しかし，二酸化炭素排出量の削減を試みたものの，地球環境が良くなるという確証が得られていないのが現状である。

　日本では，1954年12月から1973年11月までの高度経済成長期に，経済発展と裏腹に多くの環境問題が発生しており，環境問題を引き起こした企業はその事実を隠蔽し，政府はそれを擁護する形で，その被害を拡大させた過去がある。たとえば，九州水俣湾沿岸で発生した熊本水俣病は，公式発見が1956年5月で，政府が公害と正式に認定したのが1968年9月で，最高裁判所で国家賠償責任が確定したのが2004年10月であった。水俣湾の周辺で発生したことにより水俣病という病名が付けられており，新潟水俣病

と区別するために，熊本水俣病と呼んでいる。

熊本水俣病は，アセトアルデヒド生産時の副産物であるメチル水銀を含んだ廃液が汚染処理を十分行わないまま海に流され，メチル水銀が生体濃縮され，付近で獲れた魚介類を摂取した住民に有機水銀中毒の被害が発生したが，神経疾患で，根本的な治療法がないのが特徴である。このように，対策が講じられないまま被害が極限まで拡大し，巨大な公害事件に発展した経緯がある。食物連鎖を通じて起こった有機水銀中毒であったこと，胎盤を経由して胎児にまで中毒を起こしたことから，公害の原点といわれている。生産性を優先させた企業活動によって引き起こされており，企業が加害者となって住民に被害を与えたもので，経済発展に伴って生じたひずみともいえる。

2009年7月8日に水俣病問題の最終解決を目指して制定された法律である「水俣病被害者の救済及び水俣病問題の解決に関する特別措置法（通称水俣病救済特別措置法）」が成立されたことで，2010年4月16日に「水俣病被害者の救済及び水俣病問題の解決に関する特別措置法の救済措置の方針」が閣議決定され，水俣病の最終決着を図ったが，水俣病未認定など患者救済という側面から考えると問題が残されている。熊本水俣病は，人為的環境問題で，20世紀最大の負の遺産であり，今でもその弊害が残されている。

環境問題を起こすと，その処理に膨大な費用と時間がかかる上に，一度侵された健康や自然を回復，再生させることは極めて困難である。企業は，今日の地球環境問題を改善するためには，昔の公害対策抜きの経営とは異なる認識をすることがまず求められている。

■ 1.1.2　日本における化石燃料の消費量増

1980年代に注目され始めた地球環境問題は，1990年代に世界的な課題として取り上げられるようになり，安定供給が可能な原子力と環境性能の高い天然ガスが注目されるようになった。しかし，日本では，2011年3月11日の東日本大震災を契機に原子力のリスクが課題として浮かび上がり，

2013年9月15日に原子力発電所の稼働が完全に停止され，液化天然ガス（LNG）や石油，石炭を燃料とする火力発電所がフル稼働した結果，化石燃料依存度は2010年度62%から2011年度79%に上昇しており，2012年度から2014年度まで88%とさらに高まっている。発電における化石燃料の比率が上昇したために温室効果ガスの排出量が増え，地球環境問題への対処が難しくなってきた。また，2014年現在，石油82.0%，天然ガス29.7%，LPガス75.0%を中東に依存していることから，地政学リスクも高いままであり，化石燃料の消費量増による電力料金の上昇をもたらした。

東日本大震災が引き起こした電力不足による混乱は，人々の生活や経済活動が電力インフラにいかに依存しているのかを露呈した。しかし，原子力発電に対する反発の中で，新しい規制基準のもとで，九州電力㈱の鹿児島県薩摩川内市久見崎町字片平山にある川内原子力発電所1号機（1984年7月4日に運転開始）が2015年8月14日に発電を再開し調整運転を実施して，同年9月10日に通常運転に復帰しており，川内原子力発電所2号機（1985年11月28日に運転開始）が同年10月21日に発電を再開し調整運転を実施して，同年11月17日に通常運転に復帰した。これで，日本の原子力発電所は，約2年ぶりに再び動き出した。

日本では，エネルギー源の多くを輸入に頼っていることから，エネルギー源の多様化を推し進める必要性が出ており，その有力な候補として水素エネルギーが注目を浴びている。水素は，利用するときに排出されるのは水だけで，二酸化炭素は一切排出されない。水素は，空気より軽く，拡散のスピードが速いため，密閉された空間で一定の濃度になるなどの限定的な条件でなければ着火することはない。水素は，LPガスや都市ガスなどを改質して作ることも，コークス炉ガスなどの副産物を精製して作ることも，風力発電などの電気による水電解から作ることも，木質や汚泥などのバイオマスから作ることも可能であることから，エネルギーの安全保障や安定供給にもつながる重要なエネルギーとして期待されている。

日本では，1978年に燃料電池技術の研究開発が本格化し，2002年に実証用水素ステーションの運転が開始されており，2014年に燃料電池車（FCV: Fuel Cell Vehicle）の一般販売が開始され，商用水素ステーションが開所

された。今のところ，水素エネルギーによって，エネルギー問題と地球環境問題の克服が可能であると見ている。

　資源の有限性から，脱石油の試みは絶えることなく続いている。今後，石油に代わって水素エネルギーが一般的に使われるようになるにつれ，日本企業が世界をリードしていくことも夢ではない。燃料電池車の普及のために，まず水素ステーションの普及を急ぐ必要がある。

■ 1.2 化石燃料消費量増がもたらした人為的温暖化説

　環境省は，大気による温室効果への寄与率として，水蒸気が約6割，二酸化炭素が約3割，その他が約1割であり，気温が上昇すると，大気中の水蒸気量が増加し，ますます温暖化を促すと発表している。[4]水蒸気は，温暖化を増幅する寄与率は高いが，人為的に制御できない。国土交通省の外局である気象庁は，温室効果ガス（GHG: Greenhouse Gas）は，地球を暖めるのに欠かせず，温室効果がない場合の地球表面の温度は氷点下19℃と見積もられており，温室効果のために，現在地球の平均気温はおよそ14℃となっていると公表している。[5]しかし，最近は，温室効果ガスが増えすぎて，地球の気温が上昇し続けているといわれている。

　18世紀の半ばにイギリスで産業革命が起き，石炭，石油，天然ガスなどという化石燃料を燃やして得られるエネルギーを大量に消費する豊かで便利な社会が世界中に広がり，温室効果ガスがそれまでにない勢いで増え続け，それによって地表面の温度が上昇していることで，人類は地球温暖化問題を抱えるようになったと見られている。これを受けて，国際連合（United Nations，略称国連）の国際連合環境計画（UNEP: United Nations Environment Programme）と世界気象機関（WMO: World Meteorological Organization）が，1988年に共同で設立した「気候変動に関する政府間パネル（IPCC: Intergovernmental Panel on Climate Change）」は，石油，石

炭，天然ガスなどの化石燃料によって増加した二酸化炭素が，地表からの放熱（赤外線の放射）を吸収し，温室のように作用して，地球を温暖化するという「人為的温暖化説」を認めた。1990年の第1次評価報告書で，人為起源の温室効果は気候変化を生じさせる恐れがあるとして以来，2013年の第5次評価報告書では，地球温暖化の原因が人間活動である可能性が95％以上と発表した。地球温暖化について疑う余地がないとのことであった。

2014年の「気候変動に関する政府間パネル」第5次評価報告書第3作業部会報告書では，人為起源の温室効果ガス排出量は，1970年から2010年にかけて増え続けており，そのうちの78％は化石燃料燃焼と産業プロセスにおける二酸化炭素が占めていた。追加的緩和策がない場合，2100年における世界平均地上気温が，産業革命前の水準と比べ3.7-4.8℃上昇すると見込んでいた。2030年までに今まで以上の緩和策への取り組みを行わない場合，長期的な低排出レベルへの移行が相当困難になり，「気候変動に関する政府間パネル」第5次評価報告書にある2℃実現の選択肢の幅が狭まると述べられていた[6]。

2007年の「気候変動に関する政府間パネル」第4次評価報告書第2作業部会報告書で，影響の軽減のためには緩和（mitigation）とともに適応（adaptation）が重要であることが示された。これを受けて，日本の農林水産省は品種改良や栽培方法の改善などを通じた適応策を，国土交通省は水資源管理や治水に関する適応策を講じるなど，各省において適応に関する検討・取り組みが進められてきた。

関係府省庁は適応策の策定にそれぞれ取り組み，「気候変動の影響への適応に関する関係府省庁連絡会議」が個々の適応策をとりまとめ，2015年10月23日に「気候変動の影響への適応計画案」が公表され，同年11月27日に「気候変動の影響への適応計画」が閣議決定された。今回の適応計画は，各府省庁共通のビジョンと基本戦略を定め，共通の評価方法で実施された気候変動影響評価結果も踏まえて，関係府省庁が適応策を推進すると表明したことに意味がある。関係府省庁が垣根を超えて連携し，一体となって対策を推進していくことで，より一層の効果が期待できるであろう。

このように，地球温暖化の悪影響は疑う余地はないように見えるが，地球

温暖化についての信頼性やその影響についてはさまざまな懐疑論が見られる。しかし，温室効果ガスの地球温暖化効果を否定する科学的根拠が示されていないのも事実である。地球温暖化問題が解明されていなくても，それに対する対策を施さないと，将来のコストが高くなる恐れがある。気候変動の進行を抑えるには，温室効果ガスの排出量を削減する緩和が基本である。温室効果ガスの濃度低下には時間がかかるため，まずは地球温暖化の原因に直接働きかけて緩和を進めるとともに，ある程度の地球温暖化の影響は避けることができないと見て，緩和と同時にそれに対する適応のための取り組みも不可欠である。

■ 1.3 国際的な取り決め

■ 1.3.1 先進国のみに削減義務を負わせた京都議定書の発効

地球温暖化がこのままの勢いで進むと，地球全体の気温が上昇し，人間社会にさまざまな被害が出ることになる。それぞれの国の温室効果ガス排出量がどれくらいになるかによって，被害状況は大きく変わるのである。すなわち，温室効果ガス排出量を少なくする技術がどれくらい広まるかなどによって変わってくるのである。

そこで，地球温暖化を防止するための国際的取り決めとして，大気中の温室効果ガス濃度を安定化させることを目的とする「気候変動に関する国際連合枠組条約（UNFCCC: United Nations Framework Convention on Climate Change，通称気候変動枠組条約）」が，1992年5月に国際連合総会で採択され，同年6月にブラジルのリオデジャネイロで開催された「環境と開発に関する国際連合会議（UNCED: United Nations Conference on Environment and Development，通称地球サミット）」で署名が開始され，1994年3月に発効した。同条約に基づき，1995年から毎年，「気候変動に関する国際連合枠組条約締約国会議」が開催されている。

1997年12月1日－10日に日本の京都市で開催された「気候変動に関す

る国際連合枠組条約」に参加した国により，温室効果ガス排出防止策など
を協議した会議である「気候変動に関する国際連合枠組条約第３回締約国
会議（通称COP3）」で採択され，2005年２月に発効した「気候変動に関
する国際連合枠組条約京都議定書（Kyoto Protocol to the United Nations
Framework Convention on Climate Change，通称京都議定書）」では，温
室効果ガス削減率について，第１約束期間である2008年-2012年の５年間
に，先進国全体で1990年比－5.2％とすることに合意した。

　この内訳は，欧州連合（EU 15か国）－８％，アメリカ－７％，日本・カ
ナダ・ハンガリー・ポーランド－６％，クロアチア－５％，ロシア・ウク
ライナ・ニュージーランド０％，ノルウェー＋１％，オーストラリア＋８
％，アイスランド+10％であった。地球温暖化を引き起こしてきたのは先
進国なので，まずは先進国で対策をとるべきだという考え方に基づいてい
た。これによって，温室効果ガス排出量削減のための第一歩を踏み出した
といえる。

　「気候変動に関する国際連合枠組条約京都議定書」が採択された1997年
を基準年とせず，1990年を基準年とした経緯は明らかにされてない。EU
の主張によって，1990年を基準年と決めている。EUにとって，1990年を
基準年とすることで，自分達に不利に働くことはないという試算があった
はずである。これは，純粋な温暖化問題の解決のために求められた基準年
ではないのである。基準年が1990年というと，温室効果ガスの削減努力を
1990年以前に行ってきた国にとっては不利になるが，1990年以降に削減努
力を行ってきた国にとってはそれが反映され有利になる。基準年をいつに
設定するかで，状況が変わってくるのである。

　日本は，数値目標を決める際に，日本のエネルギー事情から数値目標が
達成可能かどうか，経済に与える影響がどうかをあらかじめシミュレーシ
ョンしなければならなかったが，裏付けがないまま合意に至っている。日
本は，「気候変動に関する国際連合枠組条約第３回締約国会議」の議長国で
あったことから，会議を成功させなければならなかったということで，産
業界の意向は軽視されたのである。この結果，日本の省エネルギー対策が
進んでいることから，これ以上の温室効果ガスを削減するのが難しいとい

う主張が出されるようになった。

　7％の削減義務を負ったアメリカは，途上国に削減義務がなく，アメリカの経済と雇用に悪影響を与えるという理由から，2001年に「気候変動に関する国際連合枠組条約京都議定書」の批准を拒否して離脱した。しかし，2004年に温室効果ガス排出量取引などで利益が得られるなどの理由からロシアが批准したことで，アメリカ抜きのまま2005年2月に発効した。この結果，参加国の温室効果ガス排出量は，世界全体の排出量の1割にとどまる結果となった。このアメリカの離脱によって，途上国に温室効果ガス排出量削減のための協力を求めることが難しくなった。

　2013年の世界のエネルギー起源二酸化炭素排出量は322億トンであった。図表1-2を見てわかるように，中国での排出量が一番多く，次にアメリカで，この2か国の排出量が全世界の40％強を占めている。中国が2007年以来アメリカを抜いて世界1位になっており，インドも2009年にロシアを抜いている。中国，インドなどが順調な経済発展を遂げ，非効率的なエネルギー政策で大量に温室効果ガスを発生させ，世界有数の排出国となっているのである。アメリカは内政事情で困難であり，中国は自国の経済成長が阻害されるような国際的枠組みを受け入れない姿勢を持っていた。途上国は，地球温暖化は先進国の責任として，先進国側の率先した削減，技術移転，資金援助などを求めていた。

　「気候変動に関する国際連合枠組条約京都議定書」は，先進国だけに義務を課したことで，世界規模の温室効果ガス排出量削減にはつながらなかった。近年，途上国を中心に温室効果ガス排出量が急増する中で，まずは世界全体で削減につながる実効性のある取り組みが求められ，「気候変動に関する国際連合枠組条約第21回締約国会議（通称COP 21）」で，ようやく先進国と途上国が参加する初めての枠組みにこぎつけることができた。

　「気候変動に関する国際連合枠組条約京都議定書」の対象となっている温室効果ガスは，二酸化炭素（CO_2），メタン（CH_4），一酸化二窒素（N_2O），ハイドロフルオロカーボン類（HFCs），パーフルオロカーボン類（PFCs），六フッ化硫黄（SF_6）である。大気による温室効果への寄与率として水蒸気が多くを占めているが，人間がコントロールできないために削減対象に

図表1-2　2013年の世界のエネルギー起源二酸化炭素排出量

順位	国　　　名	割　　合
1	中国	28.0%
2	アメリカ	15.9%
3	EU 28 か国	10.4%
4	インド	5.8%
5	ロシア	4.8%
6	日本	3.8%
7	韓国	1.8%
8	カナダ	1.7%
9	イラン	1.6%
10	サウジアラビア	1.5%
11	ブラジル	1.4%
12	メキシコ	1.4%
13	インドネシア	1.3%
14	南アフリカ	1.3%
15	オーストラリア	1.2%
	その他	18.1%

注: EU 28か国のうち，ドイツ2.4%，イギリス1.4%，イタリア1.1%，フランス1.0%。
出所: International Energy Agency［2015］, CO2 Emissions From Fuel Combustion Highlights
　　（2015 Edition），〈https://www.iea.org/publications/freepublications/publication/CO2 Emis
　　sionsFromFuelCombustionHighlights2015.pdf〉（24 November 2015），pp.48-50.

なっていない。「気候変動に関する国際連合枠組条約京都議定書」の規定に
よる基準年は1990年であるが，ハイドロフルオロカーボン類，パーフルオ
ロカーボン類，六フッ化硫黄についての基準年は1995年としてもよいとい
うことで，日本では1995年にしている。

　図表1-3は，地球温暖化係数（GWP: Global Warming Potential）である。
これは，それぞれの温室効果ガスの温室効果をもたらす程度を，二酸化炭素
の温室効果をもたらす程度に対する比で示した係数である。すなわち，単
位質量（たとえば1kg）の温室効果ガスが大気中に放出されたときに，一
定時間内（たとえば100年）に地球に与える放射エネルギーの積算値（す
なわち温暖化への影響）を，二酸化炭素に対する比率として見積もったも
のである。

図表1-3　IPCC第４次報告書による100年基準地球温暖化係数

温室効果ガス	地球温暖化係数	温室効果ガス	地球温暖化係数
二酸化炭素	1	HFC － 43 － 10mee	1,640
メタン	25	六フッ化硫黄	22,800
一酸化二窒素	298	三フッ化窒素	17,200
CFC － 11	4,750	PFC － 14	7,390
CFC － 12	10,900	PFC － 116	12,200
CFC － 13	14,400	PFC － 218	8,830
CFC － 113	6,130	PFC － 318	10,300
CFC － 114	10,000	PFC － 3 － 1 － 10	8,860
CFC － 115	7,370	PFC － 4 － 1 － 12	9,160
Halon － 1301	7,140	PFC － 5 － 1 － 14	9,300
Halon － 1211	1,890	PFC － 9 － 1 － 18	7,500
Halon － 2402	1,640	トリフルオロメチル五フッ化硫黄	17,700
四塩化炭素	1,400	HFE － 125	14,900
ブロムメチル	5	HFE － 134	6,320
メチルクロロホルム	146	HFE － 143a	756
HCFC － 22	1,810	HCFE － 235da2	350
HCFC － 123	77	HFE － 245cb2	708
HCFC － 124	609	HFE － 245fa2	659
HCFC － 141b	725	HFE － 254cb2	359
HCFC － 142b	2,310	HFE － 347mcc3	575
HCF － 225ca	122	HFE － 347pcf2	580
HCFC － 225cb	595	HFE － 356pcc3	110
HFC － 23	14,800	HFE － 449sl	297
HFC － 32	675	HFE － 569sf2	59
HFC － 125	3,500	HFE － 43 － 10pccc124	1,870
HFC － 134a	1,430	HFE － 236ca12	2,800
HFC － 143a	4,470	HFE － 338pcc13	1,500
HFC － 152a	124	パーフルオロポリメチルイソプロピルエーテル	10,300
HFC － 227ea	3,220	ジメチルエーテル	1
HFC － 236fa	9,810	メチレンクロリド	8.7
HFC － 245fa	1,030	塩化メチル	13
HFC － 365mfc	794		

出所：IPCC［2007］*Climate Change 2007: The Physical Science Basis. Contribution of Working Group I to the Fourth Assessment Report of the Intergovernmental Panel on Climate Change.* ⟨https://www.ipcc.ch/pdf/assessment-report/ar4/wg1/ar4_wg1_full_report.pdf⟩ (2 February 2007), pp.33-34.

　地球温暖化係数の計算方法については，まだ世界的に統一されたものがない。「気候変動に関する国際連合枠組条約京都議定書」の第一約束期間（2008年－2012年）では，1995年の「気候変動に関する政府間パネル」第2次評価報告書の数値を用いていたが，第二約束期間（2013年－2020年）では2007年の「気候変動に関する政府間パネル」第4次評価報告書の数値を用いている。

　地球温暖化係数は，20年，100年，500年の数値が発表されている。それぞれの温室効果ガスの寿命が異なるため，残留期間を考慮に入れると，数値が異なってくる。一般的に使用されているのは，100年間の影響を考えた場合の数値である。

　排出された温室効果ガスのほとんどは二酸化炭素である。2007年の「気候変動に関する政府間パネル」第4次評価報告書第1作業部会報告書の値によると（100年間での計算），二酸化炭素に比べメタンは25倍，一酸化二窒素は310倍，フロン類は数千－1万倍温暖化する能力がある。したがって，1トンのメタンが排出されたとすると，$25t-CO_2$，すなわち二酸化炭素換算で25トン の温室効果ガスが排出されたということになる。このような計算から，フロン類が少量でも大変大きな影響を及ぼすことがわかる。

　温室効果ガスの地球温暖化に与える影響力は，ガスの種類や濃度によって異なり，大気中での寿命も異なるため，6つの温室効果ガスのすべてを対象にした取り組みを計画的に確実に進めないと，気候変動のリスクを低減することはできない。まず，できる範囲内で取り組みを進めるべきである。

■ 1.3.2　排出量削減のための仕組み

・ 1.3.2.1　森林吸収源対策という不確実性

　「気候変動に関する国際連合枠組条約京都議定書」では，排出量削減の目標をより容易に達成するための仕組みとして，森林吸収源対策と京都メカニズムの2つの方法が用意された。

　第1の方法については，森林吸収量の算入上限値は国際交渉によって決められ，第一約束期間（2008年－2012年）では国ごとに異なっており，日

本は25万㎢の森林面積に対し1,300万炭素トンが認められている。たとえば，カナダは310万㎢の森林面積に対し1,200万炭素トンが認められており，森林面積が日本の10倍以上なのに，吸収量は日本とほぼ同じであった。また，ロシアは809万㎢の森林面積に対し3,300万炭素トンが認められており，森林面積が日本の30倍以上なのに，吸収量は日本の3倍程度であった。日本の数値目標が高いことから，他国に比べ特例的に大きな上限値として認められたと見ることができる。

第二約束期間（2013年－2020年）の森林吸収量の算入上限値は，各国一律に基準年総排出量の3.5%にすることとなった。参入可能な値は，第二約束期間の最終年（2020年）に確定する。第一約束期間では，木材に固定された炭素は木材が森林から伐採・搬出された時点で大気中に排出されたと見なされていた。しかし，2011年に南アフリカ共和国のダーバンで開催された「第17回気候変動に関する国際連合枠組条約第17回締約国会議（通称COP 17）」では，日本の主張が反映され，第二約束期間では各国が住宅などに使用している木材に貯蔵されている炭素量の変化を，温室効果ガスの吸収量または排出量として計上することとなった。これにより，木材製品による炭素貯蔵量の増加が，地球温暖化防止に効果を持つことが評価されることとなった。

森林の適切な整備と保全，木材利用の拡大などによって，自然災害を防止し，軽減し，地域の雇用を創出して，経済を活性化させ，持続可能な環境負荷の少ない社会の構築に貢献できる。森林を維持していくためには，約50年という長期にわたるサイクルで適時適切に施策を持続的に実行しないといけない。このため，持続的な森林経営の確立に向けた取り組みを推進して，国産材の安定供給体制を構築していくことが必要である。森林の吸収量の把握は，不確実性や非永続性が極めて高いために，十分なモニタリングシステムを確立しなければならない。

• 1.3.2.2　京都メカニズムに伴う質の問題

次に，削減義務を達成するための第2の方法について述べよう。温室効果ガス排出量を削減するためには，まずは自らの努力で削減するのが前提

になるが，それが難しい場合は京都メカニズムが選択肢になる。これには，排出量取引（ET: Emissions Trading），共同実施（JI: Joint Implementation），クリーン開発メカニズム（CDM: Clean Development Mechanism）の3つの制度がある。

先進国同士が割当量を売買することで，先進国がより少ない投資や努力で済む「排出量取引」は，削減費用が最も少ない形で温室効果ガスを削減することができると期待されているが，温室効果ガスを削減するための新たな技術やシステム開発の必要性が薄れ，結果的に温室効果ガス削減が停滞することが考えられる。

先進国は，温室効果ガス削減技術や豊富な資金を持っているとされるが，その技術や資金は国によって異なる。また，その技術や資金を生かして削減につなげることができる産業の規模も国によって異なる。こういった先進国間の差を利用して，先進国同士が共同で温室効果ガス削減を行うのが「共同実施」である。資金の融通や技術の交流を増やして，さらなる削減技術の発展を可能にするといった効果が期待できる。しかし，「クリーン開発メカニズム」に比べ費用，削減効率の面で容易でないために，事業数はそれほど多くない。

技術的に温室効果ガス削減がすでに進んでいる先進国では，さらなる技術革新による温室効果ガス削減は，多くの努力と費用がかかり思うように進まないことから，途上国での削減を認め，国内で行うよりも少ない努力や費用で排出量削減をできるようにしているのが「クリーン開発メカニズム」である。途上国への削減技術の普及，途上国への投資の増加，先進国と途上国との格差の縮小といった副次的な効果が考えられるが，先進国の温室効果ガス削減技術の向上が停滞すると懸念されている。

「京都メカニズム」は，日本にとって「気候変動に関する国際連合枠組条約京都議定書」の目標を達成するために重要な制度であるといえる。京都メカニズムが拡大していく中で，確かな温室効果ガス排出量削減を保障するためには，質のチェックが必要である。京都メカニズムのむやみな拡大を防ぐことによって，日本国内の地球温暖化対策を促進することが可能になるであろう。

国際連合主導の第三者認証の手続きが複雑である「クリーン開発メカニズム」は，使いにくいという指摘が多い。国際連合による審査の長期化から，準備から登録まで2年以上が必要とされ，長期間の審査に耐えても必ずしも認められるという保証もなく，事業者は断念するか，再度有効化審査を一からやり直すかいずれかの選択となる。また，案件実施国の国別シェアの偏りや高効率石炭火力が石炭利用50％超の国に限定され，安全面での課題が理由で原子力が認められておらず，二酸化炭素の地中貯留（CCS: Carbon dioxide Capture and Storage）なども対象外で，省エネルギー製品には適用実績なしなど，プロジェクトの偏りも指摘されている。

　そこで，日本政府は，途上国への温室効果ガス削減技術，製品，システム，サービス，インフラなどの普及や対策実施を通じて実現した，温室効果ガス排出量削減・吸収への日本の貢献を定量的に評価するとともに，日本の削減目標の達成に活用するため，従来の「クリーン開発メカニズム」を補完する仕組みとして，「二国間クレジット制度（JCM: Joint Crediting Mechanism）」を設けた。この制度は，2011年に南アフリカ共和国のダーバンで開催された「気候変動に関する国際連合枠組条約第17回締約国会議（COP 17）」で，日本が提示した「世界低炭素成長ビジョン」の中に盛り込まれ，2015年にフランスのパリで開催された「気候変動に関する国際連合枠組条約第21回締約国会議（COP 21）」で認められた。

　新メカニズム情報プラットフォームによると，2016年1月現在，日本は16か国，すなわちモンゴル，バングラデシュ，エチオピア，ケニア，モルディブ，ベトナム，ラオス，インドネシア，コスタリカ，パラオ，カンボジア，メキシコ，サウジアラビア，チリ，ミャンマー，タイと，「二国間クレジット制度」を開始している[7]。日本は，2010年頃から途上国のパートナーを増やしており，途上国への支援を地球規模での温室効果ガス排出量削減を達成するための手段の1つとして位置付けている。

　「クリーン開発メカニズム」は国際連合がルールを定め，運用も行っているが，「二国間クレジット制度」は協力関係を結んだ2つの国が自主的に定めたルールのもとで運用されている。「二国間クレジット制度」は，日本と相手国の間で協議しながら二酸化炭素削減事業を行い，削減量の算定に際

しては国際的に認定された第三者機関の検証により信頼性を保ち，より柔軟な制度にすることを掲げている。しかし，それぞれの国が自国に都合の良いルールを設定することから，国際的に統一された基準で排出量を算定し，検証することが，未だに確立されていない。これから，試行錯誤を重ねて，制度の見直しを試みる必要がある。日本は，「二国間クレジット制度」などによって資金と技術移転を行ってきたが，日本企業のビジネス拡大にはつながっていない。日本の資金と技術を無駄に使わずに，日本企業のビジネス拡大に生かせる道を探らないといけない。

「気候変動に関する国際連合枠組条約京都議定書」は，歴史上初めて温室効果ガス排出量削減を義務付けた国際的な取り組みであった。地球温暖化を止める第一歩になったことは間違いない。この議定書は，地球温暖化問題という科学的不確実性を伴う問題を扱っている。科学的根拠のない数値目標が政治的な妥協によって決められたとしても，数値目標を作り上げたことに意味がある。しかし，一部の先進国だけの排出量削減義務であったため，取り組み効果は限定的なものとなった。

▎ 1.4 日本の温室効果ガスの現状

温室効果ガスは，さまざまな経済活動に伴って排出される。経済活動の活性化によって，エネルギー使用量が増加し，温室効果ガス排出量が増加する。日本の温室効果ガス排出量も，経済状況によって変化している。

図表1-4を見ると，2014年度の日本における温室効果ガス総排出量は13億6,400万トン（二酸化炭素換算）であり，2013年度の総排出量14億800万トンに比べ，3.1％（4,400万トン）の減少となっている。また，2005年度の総排出量13億9,700万トンに比べ，2.4％（3,300万トン）の減少となっており，1990年度の総排出量12億7,100万トンに比べ，7.3％（9,300万トン）の増加となった。

2013年度と比べ排出量が減少した要因としては，電力消費量の減少や電

図表1-4 2014年度までの日本における温室効果ガス別の排出量と割合

（単位：百万トン－二酸化炭素換算）

	1990 年度	2005 年度	2013 年度	2014 年度
合計	1,271 (100%)	1,397 (100%)	1,408 (100%)	1,364 (100%)
二酸化炭素 （CO_2）	1,156 (91.0%)	1,306 (93.5%)	1,312 (93.2%)	1,265 (92.8%)
エネルギー起源	1,067 (84.0%)	1,219 (87.3%)	1,235 (87.7%)	1,189 (87.2%)
非エネルギー起源	89.1 (7.0%)	86.9 (6.2%)	76.5 (5.4%)	76.2 (5.6%)
メタン （CH_4）	48.6 (3.8%)	38.9 (2.8%)	36.1 (2.6%)	35.5 (2.6%)
一酸化二窒素 （N_2O）	30.8 (2.4%)	24.5 (1.8%)	21.5 (1.5%)	20.8 (1.5%)
代替フロンなど 4 ガス	35.4 (2.8%)	27.7 (2.0%)	38.8 (2.8%)	42.0 (3.1%)
ハイドロフルオロカーボン類（HFCs）	15.9 (1.3%)	12.8 (0.9%)	32.1 (2.3%)	35.8 (2.6%)
パーフルオロカーボン類（PFCs）	6.5 (0.5%)	8.6 (0.6%)	3.3 (0.2%)	3.4 (0.2%)
六フッ化硫黄 （SF_6）	12.9 (1.0%)	5.1 (0.4%)	2.1 (0.1%)	2.1 (0.2%)
三ふっ化窒素 （NF_3）	0.03 (0.003%)	1.2 (0.1%)	1.4 (0.1%)	0.8 (0.1%)

出所：環境省，国立環境研究所［2016］「2014年度（平成26年度）の温室効果ガス排出量（確報値）について」http://www.nies.go.jp/whatsnew/2016/jgim10000007ei16-att/honbum.pdf（2016年5月1日）2頁。

力の排出源単位の改善に伴う電力由来の二酸化炭素排出量の減少により，エネルギー起源の二酸化炭素排出量が減少したことなどが挙げられる。また，2005年度に比べ排出量が減少した要因としては，オゾン層破壊物質の代替に伴い，冷媒分野においてハイドロフルオロカーボン類の排出量が増加した一方で，産業部門や運輸部門におけるエネルギー起源の二酸化炭素排出量が減少したことが挙げられる。

2013年度からのエネルギー起源の二酸化炭素排出量の主な増減の内訳を見ると，製造業（化学工業，窯業・土石製品製造業など）における排出量

が減少したことで産業部門（工場など）は600万トン（1.4％）減，旅客輸送（乗用車など）における排出量が減少したことで運輸部門（自動車など）は760万トン（3.4％）減，電力消費に伴う排出量が減少したことで業務その他部門（商業・サービス・事業所など）は1,740万トン（6.2％）減，電力消費に伴う排出量が減少したことで家庭部門は960万トン（4.8％）減，石油製品製造などにおける排出量が減少したことでエネルギー転換部門（発電所など）は520万トン（5.38％）減であった。

　日本では，これといった温室効果ガス排出量削減改善策が見付からない状況下で，2013年9月5日以来の原発ゼロから，2015年9月10日に九州電力の川内原子力発電所1号機が，同年11月17日に同発電所の2号機が通常運転に復帰したが，火力発電への依存の高さから主に電力消費量を減らすのに重点が置かれている。日本企業は，省エネルギー性能が高い技術や製品を通じて顧客や消費者の削減を後押ししているが，そういう製品の売上が伸びていない状況下でも，電力消費量を減らしている。日本の産業界による省エネルギー対策は，「乾いた雑巾を絞るに似たり」とたとえられており，余地が少なくなってきたといわれてきた中でも，電力消費量を減らしている。

　アメリカの「大気浄化法（Clean Air Act）」が，1970年に改正され（上院議員エドムンド・マスキーの提案によるため，通称マスキー法（Muskie Act）），1975年以降に製造する自動車の排気ガス中の一酸化炭素（CO），炭化水素（HC）の排出量を1970 – 1971年型の10分の1以下にすること，1976年以降に製造する自動車の排気ガス中の窒素酸化物（NOx）の排出量を1970 – 1971年型の10分の1以下にすることが義務付けられ，達成しない自動車は期限以降の販売を認めないということであった。これは，自動車の排気ガス規制法として当時世界一厳しいといわれ，クリアするのは不可能とまでいわれた。

　アメリカの3大自動車メーカーであるゼネラルモーターズ（General Motors）社，フォードモーター（Ford Motor）社及びクライスラー（Chrysler）社の反発が激しかったことで，アメリカ本土ではようやく1995年にマスキー法で定められた基準に達した。一方の日本では，1972年に本

田技研工業㈱が，1973年にマツダ㈱がクリアするなど，日本国内では1978年にマスキー法の目標値を完全達成することになった。この結果，日本車は環境にやさしい車としての地位を国際的に確立することができた。このような事実から，環境技術を市場シェア確保の鍵と見て，さらなる省エネルギー技術を開発して，全世界に展開すれば，新たな収益源を見出すことができ，二酸化炭素排出量をさらに減らすこともできるであろう。経済成長に伴い，アジアのインフラ需要が拡大する一方で，日本企業のインフラ設備受注額は伸び悩んでいる。電力システムや発電プラントといった海外の大型インフラ事業の受注には，事前の政府間交渉がかかせない。海外企業が政府を巻き込んで積極的に営業攻勢をかけているのに対し，2011年3月11日の東日本大震災をきっかけに国内の原子力発電政策にかかりきりという，日本政府の消極的な態度から，日本企業が前面に出ることが難しく，新興国攻略で苦しんでいる。

　1990年代から国際協力として，中国への環境技術提供が数多く進んだが，その後うまくビジネスにつなげられていない。中国の実情に合った設計変更やコスト削減の努力が足りなかったからである。いくら技術力や品質が良くても，それだけでは中国市場には受け入れられなかったことを考えると，連携をいかに行うかによって変わってくるであろう。太陽光発電の場合，2006年まで日本企業が世界シェアの上位を占めていた。2000年代後半，海外企業が生産量を伸ばしていく中で，変換効率などの品質では日本企業が勝っていたかもしれないが，有効な戦略を打てなかったために，市場を奪われてしまったことを教訓にすべきである。

　温室効果ガス排出量制約が厳しくなれば，日本の技術の優位性は増すことになる。すべての国や地域が参加する枠組みは，基本的に日本にとって望ましい。中国における深刻な大気汚染被害は，マスコミによってよく知られている。日本企業の環境技術が売れるチャンスを見逃してはならない。中国の政府及び企業ともに日本企業の環境技術への関心は高い。豊富な経験と技術を有する日本企業と政府が一緒になって，優れた戦略をもって積極的に環境外交を繰り広げて欲しい。

■1.5　ポスト京都議定書

■1.5.1　先進国と途上国による削減目標

　気候変動問題は，エネルギー問題と表裏一体である。たとえば，夏季の気温上昇は冷房需要（電力などの需要）を高め，二酸化炭素排出量を増加させ，冬季の気温低下は暖房需要（電力，石油製品などの需要）を高め，二酸化炭素排出量を増加させることからも，エネルギー問題と表裏一体であることがうなずける。気温が上がると大気中の水蒸気量が増え，大雨を引き起こしやすくなるが，地球温暖化が要因となっているかどうかは明らかにされていないので，十分な観察が必要である。化石燃料の消費増などによって地球温暖化が加速したはずなのに，異常に寒い冬もあって，異常気象の原因が明らかになっていないことがうかがえる。気候変動問題は，その影響が世界全体にわたることで地球規模での対応が求められている。すべての国が参加し，公平かつ実効性のある国際枠組みの構築が不可欠である。

　2009年9月22日に当時の鳩山由紀夫首相（在任期間2009年9月16日－2010年6月4日）が，ニューヨークの国際連合本部で開かれた温室効果ガス削減について世界各国の首脳が協議する「国連気候変動首脳会合」においての演説内で，原子力発電所の増設を前提とし，温室効果ガスを2020年までに1990年比で25％削減すると発言した。2020年までに温室効果ガスを1990年比で25％削減するという中期目標は，2005年比では30％減に相当し，この削減に要する費用が諸外国の削減費用を大きく上回ることになるものと試算された。日本の温室効果ガスの約9割が，エネルギー起源の二酸化炭素が占めていることから，この温室効果ガス削減目標の設定に対しては，産業界を中心に国内の産業活動などの制約要因となるといった懸念があったが，新たな環境配慮型製品などの開発，投資が促進されることなどによって，新たな経済成長の牽引役が生まれることも期待されてはいた。

　2009年12月7日－19日にデンマークのコペンハーゲンで開催された「気候変動に関する国際連合枠組条約第15回締約国会議（通称COP 15）」では，2013年以降のポスト京都議定書の採決には至らなかったが，「コペンハー

ゲン合意（Copenhagen Accord）」に留意することを決定した。

　「コペンハーゲン合意」の主たる内容は，気温上昇を2℃以内にとどめ，附属書Ⅰ国（西側先進国である気候変動枠組条約で規定される附属書Ⅱ締約国＋旧ソ連，東欧諸国である経済移行国，温室効果ガス排出量削減やさまざまな報告義務あり）は2020年の削減目標を，非附属書Ⅰ国（途上国である気候変動枠組条約の附属書に記載されない国，温室効果ガスの排出量削減努力や報告義務免除）は削減行動を提出，先進国は途上国に対する支援として2010年－2012年の間に300億ドルの資金供与を共同で行い，2020年までに年間1,000億ドルの資金を共同で調達するとの目標を約束するなどであった。中国やインドなどの新興国の二酸化炭素排出量削減が初めて俎板にのせられたことと，途上国援助については評価できるが，途上国の排出量削減の実効が上がる可能性がない面では成功したとはいえない。

　2011年11月28日－12月11日に南アフリカ共和国のダーバンで開催された「気候変動に関する国際連合枠組条約第17回締約国会議（通称COP 17）」では，第二約束期間の森林吸収量について，算入できる上限値を各国一律に基準年総排出量の3.5％とすること，搬出後の木材，すなわち伐採木材製品（HWP: Harvested Wood Products）における炭素量の変化を各国の温室効果ガス吸収量または排出量として計上することなどが合意された。

　また，日本が，第2約束期間に参加しないことを表明したことで，削減義務から外された。日本では，原子力発電がほとんど停止した状態で，温室効果ガス排出量が増加していた。原子力発電の再開が見通せず，削減義務の有効な手立てが見出せない中で，日本が引き続き法的削減義務を負えば，経済への影響が大きくなるのは必至であったためであった。自国の削減義務が重く，義務を負わない国より産業競争力が低下しかねないとの警戒感が背景にあったのである。

　2012年11月26日－12月8日にカタールのドーハで「気候変動に関する国際連合枠組条約第18回締約国会議（通称COP 18）」が開催された。「気候変動に関する国際連合枠組条約京都議定書」の第二約束期間は2013年－2020年と決められており，全体で1990年比18％を削減することを目標としているが，日本以外に，ロシア，カナダ，ニュージーランドも第二約束期

間に参加しないことにした。日本は，政府による数値目標がなく，企業による自主的な温室効果ガス排出量削減努力に委ねられた。「気候変動に関する国際連合枠組条約京都議定書」の締約国は，第二約束期間への参加・不参加にかかわらず，森林経営を含む温室効果ガスの吸収・排出量を条約事務局へ毎年報告することとされた。

　2013年11月11日－23日までポーランドのワルシャワで開催された「気候変動に関する国際連合枠組条約第19回締約国会議（通称COP 19）」で，すべての国が参加する2020年以降の新たな国際枠組みについて，各国が温室効果ガス削減の自主的な目標を導入することで合意した。自主目標は，経済成長への影響を懸念する新興国を巻き込みやすいという利点から評価できる。

　日本は，原子力発電所を再稼働しないことを前提として，温室効果ガスを減らすのは困難であるとし，2020年までに2005年比で3.8％削減することを表明したが，1990年比にすると約3％増となる。また，日本は，途上国への支援として160億ドル（約1兆6,000億円）を3年間で提供することを表明した。日本は，大きな削減を実現する具体的な手段がないことからの判断であったが，今までの数値目標に比べて低くなったことに対して，国際的な非難を浴びることになった。

　「気候変動に関する国際連合枠組条約第21回締約国会議（通称COP 21）」での合意に向けて，各国は新たな枠組みに対する約束草案（INDC: Intended Nationally Determined Contributions）を気候変動に関する国際連合枠組条約事務局に提出している。図表1-5は，主要国のその削減目標である。日本は，2030年までに2013年比で温室効果ガスを26％削減するという約束草案を提出した。2013年9月15日に原子力発電所の稼働が停止されたことで，温室効果ガス排出量が増加するとの特殊ともいえる事情があったために，2013年を基準年として選択した。

　日本は，目標達成のために，原子力発電の再稼働といった発電部門の対策だけでなく，省エネルギー技術の革新が不可欠になっている。経済産業省は，温室効果ガス排出量削減のために，（一社）日本経済団体連合会と日本商工会議所（略称日商）とともに協議し，2016年度末まで具体策を作り

図表1-5　主要国の削減目標

国名	削減目標
アメリカ	2025 年までに 2015 年比で 26-28% 削減
EU	2030 年までに 1990 年比で 40% 削減
日本	2030 年までに 2013 年比で 26% 削減
ロシア	2030 年までに 1990 年比で 70-75% に抑制
中国	2030 年までに 2005 年比で GDP あたり二酸化炭素排出量を 60 － 65% 削減
インド	2030 年までに 2005 年比で GDP あたり 33-35% 削減
韓国	2030 年までに BAU 比で 37% 削減

注: BAU（business as usual）とは，何も手を打たない従来どおりの状況。
出所: INDC［2015］*INDCs as communicated by Parties.*〈http://www4.unfccc.int/Submissions/INDC/Submission%20Pages/submissions.aspx〉（1 November 2015）.

上げる予定である。目的達成のため，国民が省エネルギー性能の良い製品を利用するなどの行動が求められている。

2015年11月30日－12月13日までフランスのパリで開催された「気候変動に関する国際連合枠組条約第21回締約国会議（通称COP 21）」では，すべての国が協調して地球温暖化問題に取り組む仕組みを示したパリ協定（Paris Agreement）が採択された。196か国・地域に対し，削減目標の作成・提出，目標達成のための国内対応を義務化，5年ごとの目標を見直し，2020年以降に先進国が年1,000億ドルを拠出，2025年までに少なくとも年1,000億ドル以上の新たな拠出額を決め，先進国には拠出を義務化，それ以外の国には自発的な拠出を奨励しており，今世紀末の気温上昇を2℃より十分に低く抑え，1.5℃以内にするよう努めるなどがその内容であった。しかし，世界各国の合意を優先したため，目標達成は義務付けられず，達成できなかった時の罰則規定もない。5年ごとの見直しの中で，各国が目標を徐々に上げながら，確実に実行していくことが重要である。

パリ協定は，エネルギー起源二酸化炭素排出量が多い中国とアメリカが批准したことを弾みに，当初の予想よりも早く2016年11月4日に発効した。

日本は，同協定の発効時期を見誤り，批准へ向けた手続きが遅れ，ようやく同年11月8日に批准した。批准国は，協定の発効後3年間は脱退を宣言できず，3年後に脱退を宣言してもその後1年間は離脱が認められていない。同協定の発効によって，先進国，途上国を問わずすべての国が温室効果ガスの削減に取り組むという初めての体制がスタートしたことで，地球温暖問題への対応は新たな段階に入ったといえる。

■ 1.5.2　日本の厳しい電力事情

　原子力発電の燃料となるウラン[8]は，一度輸入すると長時間使用することができ，使い終わった後に再処理することで再び燃料として使用することができるという供給安定性から，日本では準国産エネルギーとして奨励されてきた。その上，発電時に温室効果ガスを排出しないということで，地球温暖化問題を解決するエネルギーとしても奨励されてきた。このように，日本では原子力発電を基幹電源として推進してきたが，2011年3月11日の東日本大震災の影響を受けて，この考え方を変えないといけなくなってきた。

　経済産業省の外局である資源エネルギー庁は，2016年3月現在，日本は，エネルギーの大量消費国でありながら，エネルギー自給率はわずか6％と低く，エネルギー資源のほとんどを海外からの輸入に頼っていると公表している。日本では，東日本大震災以降，電力需要の多くを火力発電で賄ってきたが，エネルギーの安定供給のために再生可能エネルギーを奨励し始めていると言及した。また，同庁は，2014年度の日本での再生可能エネルギーの普及率はわずか3.2％と，普及率が低いのは発電コストにあるとし，発電施設の建設費や維持費などから割り出す発電コストを火力発電と比べると，太陽光発電で約5倍，水力発電で約2倍にもなると試算していた[9]。

　短期に導入しやすい太陽光発電は，2012年7月に「電気事業者による再生可能エネルギー電気の調達に関する特別措置法（通称再エネ特措法）」に基づいた固定価格買取制度[10]によって急激に伸びてきたが，他の再生可能エネルギー導入量は伸び悩んでいる。この制度によって，エネルギー自給率

の向上，地球温暖化対策，ものづくり技術を活かした環境関連産業の成長に貢献できるものと期待されている。

太陽光発電は天候により発電出力が左右され，風力発電は広い平地が必要の上に，風の状態の良い適地が限られており，中小規模タイプの水力発電は相対的にコストが高く，水利権の調整を必要とし，地熱発電は開発期間が10年程度と長く，温泉や公園などと開発地域が重なるため地元との調整が必要などの問題を抱えていることから考え，今のところ再生可能エネルギーを原子力発電のような基幹電源に据えるにはまだ無理がある。需給バランスのために，太陽光発電以外の再生可能エネルギーの普及を進め，太陽光発電の導入量を適正化させる必要がある。

小泉純一郎元首相（在任期間2001年4月26日－2006年4月26日）は，2011年5月から講演や演説で脱原発発言を続けてきた。彼は，使用済み核燃料の最終処分場の問題を理由に脱原発を唱えると同時に，その代替として再生可能エネルギーの推進を主張してきた。しかし，日本は一次エネルギーを輸入に頼らざるを得ず，エネルギーの安定供給を確保するためには，他の代替エネルギーが確立されていない今のところは，原子力発電を一定量維持すべきである。原子力発電は，さまざまな障害やリスクがあるので，新たな技術開発や改良に努め，課題を克服する必要がある。しかし，原子力発電が持つ危険性を考えると，安定供給が可能な代替エネルギーが確立されれば，早期に全廃すべきである。それまでは，原子力発電を維持せざるを得ない。

日本は，シェールガスを産出するアメリカのようには天然ガスを使えない。日本は，海外から燃料を調達してモノを作って，そのモノを売って得たお金でまた海外から燃料を調達している。燃料調達費の削減は，エネルギー安全保障上でも重要である。このような状況を踏まえて，電源構成を決めるべきである。

経済産業省は，2015年7月16日に2030年時点の日本の望ましい電源構成として，再生可能エネルギー22-24％（水力8.8％，太陽光7.0％，バイオマス3.7-4.6％，風力1.7％，地熱1-1.1％），原子力20-22％，石炭火力26％，天然ガス火力27％，石油火力3％とすることを決定した。資源に乏しい日

本固有のエネルギー事情を踏まえ，エネルギーの安定確保，温室効果ガス排出量削減など環境への配慮，経済や雇用への影響，東京電力㈱（2016年4月より東京電力ホールディングス㈱）の福島県双葉郡大熊町大字夫沢字北原にあった福島第一原子力発電所事故の教訓など，さまざまな観点から総合判断し，電源の多様化を目指しており，少なくとも3年ごとに電源構成を見直すことにした。[11]

　新しい電源構成で重視したのは，コストである。東日本大震災後に原子力発電の相次ぐ停止で，火力発電に使う化石燃料の輸入が増え，電気料金は2 - 3割上昇した。政府は，原子力の発電コストが安いと判断しており，再び活用すれば料金を抑制できると見ている。電源構成は，安定供給とエネルギー安全保障，経済性から見たバランスの上で，地球温暖化対策についても考えないといけない。

　2011年3月11日の東日本大震災に伴い東京電力㈱の福島第一原子力発電所の事故を契機に，当時の民主党政権によって2013年7月8日施行の「核原料物質，核燃料物質及び原子炉の規制に関する法律（通称原子炉等規制法）」によって，技術的根拠なしに原子力発電所の運転期間は原則40年と定められ，1回に限り最長20年の延長が例外として認められた。この例外の結果，2016年6月20日に関西電力㈱の福井県大飯郡高浜町田ノ浦にある高浜原子力発電所1・2号機の運転が認められ，1974年11月に運転が開始された1号機は2034年11月まで，1975年11月に運転が開始された2号機は2035年11月まで稼働ができるようになり，安全対策工事などを経て2019年10月以降の再稼働を目指している。運転開始から40年を超えた高浜原子力発電所1・2号機の運転期間の延長は，原子力発電への依存を強める恐れがある。

■ 1.5.3　日本における電力自由化

　2011年3月11日に発生した東日本大震災の影響を受けて，東京電力㈱（2016年4月1日より東京電力ホールディングス㈱）の福島県双葉郡大熊町大字夫沢字北原の福島第一原子力発電所の事故で，同原子力発電所などの

稼働停止により，首都圏では電力不足が問題となったことを引き金に，これまでの電気事業の制度などを見直して，2016年4月1日に電力の小売り全面自由化にこぎ着けた。電力会社の選択が可能になり，住んでいる地域外で発電された電気の購入も可能になった。小売りの全面自由化の主な目的は，電気料金を最大限抑制し，再生可能エネルギーを活用した電力の消費に結びつけていくためである。

電力の自由化は，2000年3月に始まり，特別高圧区分の大規模工場やデパート，オフィスビルが電力会社を自由に選ぶことができるようになり，2004年4月・2005年4月には高圧区分の中小規模工場や中小ビルへと徐々に拡大していき，2016年4月1日からは低圧区分の家庭や商店などにおいても電力会社が選ばれるようになった。[12] 2016年7月4日現在，登録小売電気企業数は，313企業である。[13] 電力会社間の価格競争が激しくなる一方で，消費者の選択肢は当面限られそうである。

経済産業省の認可法人である電力広域的運営推進機関（略称広域機関）は，2016年6月24日現在，電力自由化によって切り替えを行った地域別件数は，東京電力パワーグリッド㈱エリア74万1,000件と最も多く，次に関西電力㈱エリア25万3,100件，中部電力㈱エリア7万9,900件，北海道電力㈱エリア5万9,700件の順であったと公表した。[14] このように，切り替え競争は，人口が多いところで進んでいる。

2016年5月25日に「電気事業者による再生可能エネルギー電気の調達に関する特別措置法等の一部を改正する法律案」が参議院本会議で可決，成立した。固定価格買取制度が開始されて以来，同制度の対象となる再生可能エネルギーの導入量が概ね倍増しており，2015年7月に策定された電源構成において示された2030年度の再生可能エネルギーの導入見通し（電源構成比で22-24%）を実現するため，固定価格買取制度を適切に運用し，引き続き再生可能エネルギーの導入を進めることが必要なためであった。

2017年4月から大規模太陽光発電所からの購入を入札制にし，安い価格を提示した事業者から優先的に電気を買い取り，再生可能エネルギーの導入が太陽光発電に偏り過ぎないようにし，風力や地熱など他の再生可能エネルギーもバランスよく普及するように促すことにしている。また，未稼

働案件を踏まえて，発電事業の実施可能性を確認した上で認定する規定も盛り込まれた。再生可能エネルギーの最大限の導入と国民負担の抑制という両立を図るため，固定価格買取制度を見直すことになった。これで，太陽光発電以外の再生可能エネルギーの普及が進むことを期待している。

原子力発電の停止の長期化に加え，石炭火力の燃料コストの低さと2016年4月の電力自由化を控え，石炭火力発電所の新設を求める声が産業界から出ていたが，環境省は石炭火力発電所が地球温暖化の原因となっている二酸化炭素を最も排出する発電施設であるとして，温室効果ガス削減の観点からこれまで是認できないとしてきた。また，既存の石炭火力発電所を維持したまま新設計画が実現すると，2030年時点の日本の電源構成計画で決めた石炭火力26%の枠を超えてしまう懸念からも，新たな建設計画に異議を唱えてきたのである。

しかし，環境省は，2016年2月8日に電力会社が二酸化炭素排出量削減対策を強化することを条件に，石炭火力発電所の建設を容認すると表明した。景気を後退させないために，経済成長を狙っての決定であったと思われる。火力発電所の寿命は一般に40年程度と，一度作れば長い期間使われ続けることになることを考えると，これから多くの問題を抱えることになるかもしれない。海外では脱石炭・褐炭を表明しているが，日本がこの逆の動きを見せていることは考えてみる必要がある。

電力需要は，景気以外に，政治，社会の動向，技術革新の登場などに左右される。生活水準の向上によって，日本の電気使用量が増加してきたが，2011年3月11日の東日本大震災の発生に伴って，節電の取り組みにより低水準で推移している。日本では，エネルギー資源の確保問題とともに，地球環境に配慮しながら，経済的に，長期的に安定して電気を作ることが大きな課題となっている。火力発電は，発電コストに占める燃料費の割合が高く，資源価格の変動により発電コストが大きく変動するため，価格安定性や備蓄性に優れた原子力発電や，輸入燃料を必要としない自然エネルギーの活用も大切である。

▮ 1.6　生物多様性条約

▪ 1.6.1　生物資源の消失の危機感

　現在，地球上には知られているだけで約175万種，未知のものを含めると3,000万種ともいわれる生物がいる。さまざまな生物が，直接的・間接的にそれぞれがかかわり合いながら生きていることを生物多様性という。いくつかの生物種の絶滅が，近年，地球の歴史が始まって以来の速さで進行しつつある。この急激な生物種の減少要因が，自然のプロセスによるものではなく，人間活動が主要な原因であることから，地球環境問題の1つとして注目を浴びている。野生生物の絶滅の原因は，生息環境の破壊や悪化，乱獲，侵入種の影響，エサ不足，農作物や家畜に対する被害防止のための殺害，偶発的な捕獲などが挙げられている。このうち，生息環境の破壊・悪化については，熱帯雨林，サンゴ礁，湿地などにおける環境破壊が深刻である。

　地球上のあらゆる生物の多様さを，生息環境とともに最大限に保全し，その持続的な利用を実現するとともに，生物の持つ遺伝資源から得られる利益の公平な分配を目的とした「生物の多様性に関する条約（CBD: Convention on Biological Diversity，通称生物多様性条約）」は，1992年5月22日にケニアのナイロビで開催された条約交渉会議で採択され，1992年6月3日－14日にブラジルのリオデジャネイロで開催された「環境と開発に関する国際連合会議（UNCED: United Nations Conference on Environment and Development）」で条約に加盟するための署名が行われ，1993年12月29日に発効された。

　「生物の多様性に関する条約」は，ラムサール条約やワシントン条約などの特定の地域，種の保全の取り組みだけでは生物多様性の保全を図ることができないとの認識から提案されたのである。熱帯雨林の急激な減少，種の絶滅の進行への危機感という人類存続に欠かせない生物資源の消失の危機感が動機となり，条約の目的として，生物多様性の保全，生物多様性の構成要素の持続可能な利用，遺伝資源の利用から生ずる利益の公正かつ衡平な配分を掲げている。

　1994年11月28日－12月9日に「生物の多様性に関する条約第1回締約国会議」が開催されて以来，2年ごとに開催されている。2010年10月18日－29日に日本の名古屋市で「生物の多様性に関する条約第10回締約国会議」が開催され，「遺伝資源の取得の機会及びその利用から生ずる利益の公正かつ衡平な配分に関する名古屋議定書（通称名古屋議定書）」が採択された。利用者（主に先進国企業）は提供国（主に途上国）の事前の情報に基づく同意を取得し，提供者と相互に合意する条件を設定した上で，遺伝資源を利用し，その商業的利用から生じた利益や研究成果を相互に合意する条件に基づいて提供国に配分し，遺伝資源を育む生物多様性の保全や持続可能な利用に貢献することを掲げている。

　また，「生物多様性戦略計画2011－2020（愛知県名古屋市での開催にちなんで，通称愛知目標）」が採択された。2050年までの長期目標として，自然と共生する世界の実現，2020年までの短期目標として生物多様性の損失を止めるために効果的かつ迅速な行動を実施することを掲げている。これをきっかけに，日本企業は，生物多様性対策に力を入れるようになった。

　2012年10月8日－19日にインドのハイデラバードで「生物の多様性に関する条約第11回締約国会議」が開催され，途上国向けの生物多様性に関連する国際資金フローを2015年までに倍増させ，その水準を少なくとも2020年まで維持することにした。

　2014年10月6日－17日に韓国の江原道平昌市で「生物の多様性に関する条約第12回締約国会議」が開催され，「遺伝資源の取得の機会及びその利用から生ずる利益の公正かつ衡平な配分に関する名古屋議定書」が発効されたが，日本は競争力をそぐ心配があるとの理由などからまだ批准していない。また，途上国に対する国際的な資金フローを2倍にすることで一致し，「生物多様性戦略計画2011－2020」の中間評価が発表され，進展が見られたものの達成には不十分とされた。

　締約国は，生物多様性保全のための具体策を盛り込んだ国家戦略を策定する義務があり，日本でも1995年10月31日に「生物多様性国家戦略」が決定されて以来，2002年3月27日に「新・生物多様性国家戦略」が，2007年11月27日に「第3次生物多様性国家戦略」が閣議決定された。生物多

性基本法（2008年5月28日成立，同年6月6日施行）に基づき，法律上でも生物多様性国家戦略の策定が規定されたことで，2010年3月16日に「生物多様性国家戦略2010」が閣議決定された。

それ以来，2010年10月に開催された「生物多様性条約第10回締約国会議」で採択された，「生物多様性戦略計画2011－2020」の達成に向けた日本のロードマップを示すとともに，2011年3月11日に発生した東日本大震災を踏まえた，今後の自然共生社会のあり方を示すため，2012年9月28日に「生物多様性国家戦略2012－2020」が閣議決定された。生物多様性を社会に浸透させ，地域における人と自然の関係を見直し・再構築し，森・里・川・海のつながりを確保し，地球規模の視野を持って行動し，科学的基盤を強化して，政策に結びつけることを基本戦略としている。

「生物の多様性に関する条約」は，途上国の遺伝資源を利用する先進国の医療バイオテクノロジー産業が影響を受ける点で，先進国に受け入れ難く，アメリカがこの条約を未だに批准しないのも，同国のバイオテクノロジー産業が不利益を被るとの理由からである。豊富な生物資源を持っている途上国と，それを利用開発する先進国との意見の食い違いが複雑な様相を呈している。

生物多様性の損失を止め，それを回復し，健全な状態で将来世代に引き継ぐためには，各国がそれぞれの生物多様性のための国家戦略を立て，それを実行に移さなければならないが，自国利益を最優先するため，実行することは現実的に非常に難しく，条約本来の課題に対する意識が薄らいでいる。人間の欲望や経済活動が優先されて，生物多様性の保護が後回しになっているのである。

■ 1.6.2　違法伐採による森林減少

違法伐採に関する国際的な定義は存在しないが，通常，違法伐採とは各国の法令に違反して行われる森林の伐採と考えられている。違法伐採問題は，1998年5月15日－17日にイギリスのバーミンガムで開催された主要国首脳会議（通称バーミンガム・サミット）で初めて取り上げられ，それ

以来，主要国首脳会議の議題として取り上げられてきた。

　日本では国土の70％を占める森林が木材価格の低迷と手入れ不足により荒廃しており，世界では違法伐採の結果森林減少が続いている。違法伐採は，森林の生態系に被害を与え，地域社会から重要な収入源を奪い，持続可能な森林経営を阻害する要因になっている。違法伐採は，インドネシア，マレーシアなどの東南アジアやロシア極東地域，カメルーン，ガボン，コンゴなどの中部アフリカ，ブラジルなどのアマゾン川流域などに多いと見られており，政治的・経済的混乱などによって法執行体制が弱まっていることや，木材輸出が大きな利潤を生んでいることなどが背景にある。したがって，違法伐採を効果的になくしていくには，これら木材生産国側の取り組みに加え，木材消費国側の対策が重要になってくる。

　農林水産省の外局である林野庁は，2014年の日本の木材（用材）自給率が29.6％で，前年に比べ1.0ポイント上昇したと公表している[15]。イギリスのチャタムハウス（王立国際問題研究所）の2010年の報告書では，2008年の日本の木材製品の総輸入量の約９％が違法である可能性が非常に高いと推定していた[16]。途上国では伐採許可証を偽造する場合もあるため，企業自らがリスクを確認しないといけない。

　日本では，これまで違法に伐採された木材は使用しないという基本的な考え方に基づいて取り組んできた。具体的には，違法伐採対策として，二国間，地域間及び多国間での協力推進，違法伐採木材の識別のための技術開発，民間部門における取り組みを実施してきた。また，2005年７月６日－８日にイギリスのグレンイーグルズで開催された主要国首脳会議（通称グレンイーグルズ・サミット）では，政府調達，貿易規制，木材生産国支援などの具体的行動に取り組むことに合意したＧ８環境・開発大臣会合の結論が承認され，日本は「日本政府の気候変動イニシアティブ」において，違法伐採対策に取り組むことを表明した。

　このような中で，日本では，「国等による環境物品等の調達の推進等に関する法律（通称グリーン購入法，2000年５月制定，2001年４月施行)」）に基づく「環境物品等の調達の推進に関する基本方針」を改定することにより，2006年４月に国，独立行政法人及び特殊法人において木材・木材製品

を調達する際に，合法性または持続可能性が証明されたものを優先するという措置が取られた。その証明方法としては，FSC（Forest Stewardship Council，森林管理協議会）[17]森林認証制度を活用するもの，森林・林業・木材産業関係団体の認定を得て事業者が行うもの，個別企業などの独自の取り組みによるものと定められた。

　2009年2月に「国等による環境物品等の調達の推進等に関する法律」に基づく「環境物品等の調達の推進に関する基本方針」の判断基準が見直され，間伐材や森林認証を受けた森林から生産された木材から製造されるパルプも，古紙と同様に環境に配慮した原料として評価されることになった。また，住宅，製紙，文具，オフィス家具などの企業や業界が，合法性及び持続可能性が証明された木材及び木材製品の調達方針を掲げるなどとしている。

　アメリカでは2008年12月に「改正レイシー法（Lacey Act，1900年制定，野生生物保護のための法律）」が施行され，EUでは2013年3月に「EU木材規制（EU Timber Regulation）」が発効され，オーストラリアでも2014年11月に「違法伐採禁止法（Illegal Logging Prohibition Act）」が施行されたことで，企業に対して違法材へのデューディリジェンス（due diligence，組織が及ぼすマイナスの影響を回避，緩和することを目的として，事前に認識，防止，対処するために取引先などを精査するプロセス）を求めている。欧米などが違法伐採に対して厳しく臨む背景には，不当な廉価で輸入される木材が市場を歪め，自国の林業における持続可能な森林経営を著しく阻害するものであるとの認識からである。

　日本は，2015年10月に大筋合意に至ったTPP（Trans-Pacific Partnership，環太平洋パートナーシップ）の合意事項に，環境や人権に配慮したサプライチェーンを重視し，違法伐採木材を流通させないことが盛り込まれたことと，2016年5月26日－27日に日本の三重県志摩市阿児町神明賢島で開催された主要国首脳会議（通称伊勢志摩サミット）で違法材規制を示すため，2016年5月13日に「合法伐採木材等の流通及び利用の促進に関する法律案」が参議院本会議で可決，成立した。これは，合法伐採木材の利用を促進するための法律であって，違法伐採木材の取扱いや流通などを規制す

る法律ではない。この点が，欧米などの法律との大きな違いである。

　欧米などでは，違法伐採木材の輸入を禁じ，違法伐採木材を使用しないための措置であるデューディリジェンスを講じることを基本としている。日本では，違法伐採木材の取引禁止は定められておらず，デューディリジェンスの実施も任意となっている。このため，国内市場への違法伐採木材の流入を防ぐ効果を期待することができず，今後の企業自身の取り組みに大きく左右されることになる。企業が自ら取り組みを強化した場合，リスクの高い木材を使うのは止めるはずで，国産材への切り替えを促進させることができるであろう。日本では，国内林業を再生し，2020年に木材自給率50％以上を目指した取り組みが始まっているが，政府の思うとおりになるかどうかはまだわからない。

　生物多様性を維持し回復するための努力によって，気候変動による悪影響をある程度低減させることができる。木材生産や伐採あるいは劣化が進んでいる森林においては，その森林の再生のための努力によって森林の持続可能な経営が促進されることで，二酸化炭素の吸収も促進され，気候変動の緩和と生物多様性の保全が強化されるであろう。

1.7　まとめ

　資源の枯渇と地球環境の悪化という，今まで経験したことのない事態について，人類がどのようにこの難題を収束させるのかは，現代の大きな課題である。企業が懸念する気候変動による影響として，生産減少，生産コスト増，設備の被害，設備建設コスト上昇を挙げることができる。サプライチェーンがグローバルに拡大した現在，自社だけで問題を克服することは到底できる話ではなく，統一的な環境対応を図っていかなければならず，事業継続計画（BCP: Business Continuity Planning）を作り，備える必要性が高まっている。

　汚染を出しながら世界の工場として成長を遂げてきた中国は，世界の経

済を支えてきたが，その代わりに環境汚染で自国民が苦しんでいる。中国からモノを輸入している国は，その汚染に対する責任の一端を負うべきである。途上国で生産した製品を安価で輸入している先進国は，ただ乗りで終わらせず，途上国で製品生産時に発生した温室効果ガス排出量に対する責任を果たすことで，南北の格差問題の解決につながる近道を得られる。

　過去にメソポタミア文明やマヤ文明が滅亡しているが，その原因は環境破壊であった。メソポタミア文明は，灌漑がもたらした環境悪化により農業基盤が徐々に蝕まれた上に，干ばつ，増大する人口，都市国家間の戦争などの要因で崩壊したと考えられる。[18] また，マヤ文明は，焼畑農業によって森林伐採と土壌浸食を引き起こした上に，干ばつ，人口の増加，特権階級の肥大化，都市国家間の戦争などで崩壊したと考えられる。[19] この過ちを，現代人も犯しているのではないだろうか。これが，地球環境問題であると見たい。われわれは，過去の失敗から学ぶべきである。

　現世代は，これまで祖先から引き継いできた環境から恩恵を享受してきたが，これからは将来世代に確実に継承していくという債務を果たしていくべきである。過去の文明を振りかえって見ると，人の介在は自然のバランスを崩す方向に作用してきたケースがあまりにも多かった。何かを改造しようとする際には，他の地域，のちの時代に及ぶ影響も考えるべきである。史上最大の文明社会を築いた現代人も，古代文明のように滅びることはあり得る。地球温暖化の原因は，完全には科学的に解明されてはいないが，何らかの対策を講じないままでは，地球環境はさらに深刻になるであろう。地球温暖化を制御するための行動を，先進国と途上国が手を携えてともに繰り広げなければならない。21世紀の企業は，地球環境を守る上，利益を獲得するために，エネルギー資源効率の向上を目指した経営が求められているのである。

〈注〉

1) ローマ・クラブは，1970年3月に設立された民間組織。イタリアのオリベッティ（Olivetti）社の副社長であったアウレリオ・ペッチェイ（Aurelio Peccei）博士の主導のもとで設立。世界各国の科学者や経済学者，政策立案者，教育者，企業経営者などで構成され，天然資源の枯渇，環境汚染，人口増加などの諸問題について研究・提言を行っている。1968年4月に，立ち上げのための会合をローマで開催したので，この名称になった。

2) メドウズ他［1972］訳書。ローマ・クラブがMIT工科大学のメドウズを中心とする若手研究者グループに委託して作業させ，その成果である成長の限界説と，これに対するローマ・クラブの見解を付して発表したもの。1972年6月に国連人間環境会議が開催されるのに合わせて出た報告書。

3) 資源エネルギー庁［2015］「化石燃料の安定供給のあり方について」http://www.enecho.meti.go.jp/committee/council/basic_policy_subcommittee/mitoshi/006/pdf/006_09.pdf（2015年5月1日）5頁。

4) 環境省地球環境局企画，国立環境研究所監修，パシフィックコンサルタンツ編［2008］26頁。

5) 気象庁［2014］「温室効果とは」http://www.data.jma.go.jp/cpdinfo/chishiki_ondanka/p03.html（2014年5月1日）。

6) IPCC［2014］*Climate Change 2014: Mitigation of Climate Change. Contribution of Working Group III to the Fifth Assessment Report of the Intergovernmental Panel on Climate Change.*〈http://www.ipcc.ch/pdf/assessment-report/ar5/wg3/ipcc_wg3_ar5_full.pdf〉（13 April 2014）.

7) 新メカニズム情報プラットフォーム［2016］「JCM実施国の情報」http://mmechanisms.org/initiatives/country.html（2016年4月1日）。

8) 日本原子力発電［2015］「原子力発電と原子爆弾の違い」http://www.japc.co.jp/atom/atom_3-1.html（2016年4月1日）。原子爆弾は，核分裂しやすいウラン235の割合をほぼ100％にまで濃縮して，核分裂の連鎖反応を瞬時に起こし，非常に大きなエネルギーを発生させるもの。これに対し，原子力発電のウラン燃料は，ウラン235の割合が3‐5％と非常に少なく，3‐4年という長い時間をかけて少しずつ核分裂させてエネルギーを出し続ける。また，ウラン燃料は，一度に核分裂をさせようとしても，核分裂しにくいウラン238が中性子を吸収して連鎖反応を抑える働きをする。したがって，原子炉が原子爆弾のように爆発を起こすことはない。

9) 経済産業省資源エネルギー庁［2016］2，5頁。

10) 太陽光発電の場合，10kWh未満（家庭などからの余剰）の買取価格は，期間10年の契約で，1kWhあたり2012年度は42円，2013年度は38円，2014年度は37円と下がった。その後，1kWhあたり2015年度の33円（出力制御対応機器設置なし）/35円（出力制御対応機器設置あり）から2016年度は31円（同なし）/33円（同あり）に引き下げられた。この買取りに必要となる費用は，電気の使用量に応じて電気を利用するすべての人が負担している。固定価格買取制度は，今のところはコストの高い再生可能エネルギーの導入を支えている。

11) 原子力発電は，安全性に疑問を持つ世論に配慮して，東日本大震災前の約29％よりは低くする。発電量が天候に左右される太陽光と風力は，9％弱にとどめる。一方，安定して発電できる地熱や水力，バイオマスは，最大15％程度まで引き上げ，メリハリをつける。再生可能エネルギー全体の比率を2030年度には2013年度の約2倍に高める方針。原子力発電や一部の再生可能エネルギーを大幅に増やす代わりに，温暖化ガスの排出量が比較的多い火力発電は減らす。石炭火力を2013年度の30％から26％に，液化天然ガス（LNG）火

力は43％から27％とする。中でも排出量が多い石炭火力を新設する場合，発電効率の高い設備の設置を義務付ける。

12) 2014年6月11日に「電気事業法等の一部を改正する法律（第2弾改正）」が成立。電力システム改革の3本柱の1つである，電気の小売業への参入の全面自由化を実施するために，必要な措置を定めたもの。

13) 資源エネルギー庁［2016］「登録小売電気事業者一覧」http://www.enecho.meti.go.jp/category/electricity_and_gas/electric/summary/retailers_list/（2016年7月4日）。

14) 電力広域的運営推進機関［2016］「スイッチングシステムの利用状況について（6/24時点）」https://www.occto.or.jp/oshirase/hoka/2016-0701-swsys_riyou.html（2016年7月1日）。2013年11月13日に「電気事業法の一部を改正する法律（第1弾改正）」が成立し，原則として地域ごとに行われていた電力需給の管理を改め，地域を超えて効率的にやり取りすることで，安定的な電力需給体制を強化するために，2015年4月1日に電力広域的運営推進機関が発足。

15) 林野庁企画課［2015］「平成26年木材需給表」http://www.rinya.maff.go.jp/j/press/kikaku/pdf/150929-02.pdf（2015年10月1日）6頁。2014年のしいたけ原木や燃料材を含めた総数の木材自給率は31.2％。

16) Lawson and MacFaul［2010］p.106.

17) FSCは，国際的な森林管理の認証を行う協議会のことで，1993年10月にカナダで創設されたNGO。木材を生産する世界の森林と，その森林から切り出された木材の流通や加工のプロセスを認証する国際機関。その認証は，森林の環境保全に配慮し，地域社会の利益にかない，経済的にも継続可能な形で生産された木材に与えられる。機関の構成員は，世界各国の環境保護団体，林業経営者，木材業者，先住民族，森林組合など。FSC森林認証制度には，森林を対象としたFM（Forest Management）認証，製造・加工・流通におけるCoC（Chain of Custody）認証がある。

18) 梅原・伊東監修，安田・川西編［1994］65-84頁，フェイガン［2005］訳書181-231頁。

19) ダイヤモンド［2005］訳書248-281頁，ヒューズ［2004］89-102頁，フェイガン［2005］訳書314-326頁；［2008］訳書190-209頁，コウ［2003］訳書44-45，197-218頁。

〈参考文献〉

Lawson, S., and MacFaul, L.［2010］*Illegal Logging and Related Trade: Indicators of the Global Response.* London: Chatham House.

梅原猛・伊東俊太郎監修，安田喜憲・川西宏幸編［1994］『古代文明と環境』思文閣出版。

環境省地球環境局企画，国立環境研究所監修，パシフィックコンサルタンツ編［2008］『STOP THE 温暖化2008』環境省。

経済産業省資源エネルギー庁［2016］『再生可能エネルギー固定価格買取制度ガイドブック2016年度版』経済産業省資源エネルギー庁。

コウ，M. D.（加藤泰健・長谷川悦夫訳）［2003］『古代マヤ文明』創元社。

ダイヤモンド，J.（楡井浩一訳）［2005］『文明崩壊　上：滅亡と存続の命運を分けるもの』草思社。

ヒューズ，D.（奥田暁子・あべのぞみ訳）［2004］『世界の環境の歴史：生命共同体における人間の役割』明石書店。

フェイガン，B.（東郷えりか訳）［2005］『古代文明と気候大変動：人類の運命を変えた二万年史』河出書房新社。

フェイガン，B.（東郷えりか訳）［2008］『千年前の人類を襲った大温暖化: 文明を崩壊させた気候
　　大変動』河出書房新社。

メドウズ，D. H.，メドウズ，D. L.，ラーンダズ，J.，ベアランズ三世，W. W.（大来佐武郎監訳）［1972］
　　『成長の限界: ローマ・クラブ「人類の危機」レポート』ダイヤモンド社。

第2章 環境経営

■ 2.1 持続可能な開発

■ 2.1.1 リオ宣言による影響

　1960年代以降，グローバルな規模で環境の悪化を示す例が増え，開発が地球の生態系と人間生活に与える影響について国際社会は警告を発し続けてきた。資源を保護する一方で，現在及び将来の世代の誰にとってもより良い開発として，持続可能な開発が叫ばれた。そこで，経済開発と環境の劣化との関係が初めて国際的に議題となったのは，1972年6月5日-16日にスウェーデンのストックホルムで開催された国際連合の「国連人間環境会議（United Nations Conference on the Human Environment，開催地にちなんで，通称ストックホルム会議）」においてであった。この会議の後，国際社会において，自然環境をめぐる問題と，貧困による経済・社会問題について関心が高まってきた。

　しかし，1973年3月にベトナム戦争から撤収後のアメリカ経済の停滞，1973年10月，1979年2月の2度の石油危機もあり，環境問題への取り組みが進まなくなってきた。それ以来，新しいタイプの開発の必要性から，1980年3月に「国際自然保護連合（IUCN: International Union for Conservation of Nature and Natural Resources)」が，「国連環境計画（UNEP: United Nations Environment Programme）」と「世界自然保護基金（WWF: World Wide Fund for Nature）」と共同で，「世界環境保全戦略（World Conservation Strategy）」を発表し，ここで持続可能な開発（sustainable development，あるいは持続可能な発展）という概念が初めて提起された。

その後，1987年4月に国際連合の「環境と開発に関する世界委員会（WCED: World Commission on Environment and Development，委員長のブルントラント・ノルウェー首相の名前から，通称ブルントラント委員会）」による最終報告書「地球の未来を守るために（Our Common Future，通称ブルントラント報告書）[1]」で，持続可能な開発とは将来世代の欲求を満たす能力を損なうことなく，現在世代の欲求を満たすような開発と説明され，持続可能な開発がこのときさらに広く認知されるようになった。この概念は，環境と開発を互いに反するものではなく，共存し得るものとしてとらえ，環境保全を考慮した節度ある開発が重要であるという考えに立つものである。

この報告書を受けて，1992年6月にブラジルのリオデジャネイロで開催された国際連合の「環境と開発に関する国連会議（UNCED: United Nations Conference on Environment and Development，通称地球サミット）」では，地球環境保全に向けた「環境と開発に関するリオデジャネイロ宣言（通称リオ宣言）」と，その行動計画である「アジェンダ21」が採択されたことで，開発と保全の方策が具体化され，今日の地球環境問題に関する世界的な取り組みに大きな影響を与えている。日本では，これを受けて，1993年11月に環境基本法が制定されており，持続可能な開発のための循環型社会の考え方の基礎になっている。

実践面では，スイスのビジネスマンであったステファン・シュミットハイニー（Stephan Schmidheiny）と「持続可能な開発のための経済人会議（BCSD: Business Council for Sustainable Development，1995年1月より持続可能な開発のための世界経済人会議）」が1992年に出版した『チェンジング・コース（Changing Course）[2]』で，持続可能な開発に向けていかなる行動をとるべきかについて，産業界の対応として「環境効率（Eco-

Efficiency）」という概念が提唱された。

「環境効率」とは，一般に製品などの環境影響を分母に，製品などの価値を分子とする比率である。つまり，資源消費及び環境負荷を最小化し，サービスを最大化することにより，生態系や資源への影響を地球の環境許容水準まで減少させつつ，人間の欲求を満足させ，生活の質の向上をもたらす製品及びサービスの程度を示す指標である。

しかし，環境効率の標準化が行われておらず，企業ごとに独自の環境効率指標を用いている。たとえば，関西電力グループは，事業活動によって生じる環境負荷と経済価値の関係を表す環境効率性（1990年度を100とした指数）の試算に，（独法）産業技術総合研究所が開発したLIME 2の統合化係数を使用している。[3]

このような世界的な流れの中で，日本の産業界は，持続可能な社会に向けて徐々に経営理念を修正し始めた。たとえば，（一社）日本経済団体連合会（略称経団連）は，1991年4月に「経団連地球環境憲章」を発表し，環境問題への取り組みが企業の存在と活動に必須の要件であることを明確にし，環境保全のために自主的かつ積極的な取り組みを進めていくことを宣言した。また，同連合会は，1996年7月に「経団連環境アピール」を取りまとめ，地球温暖化対策や循環型経済社会の構築などに向けて，より具体的な取り組みを宣言した。これを受けて，同連合会によって，1997年6月に「経団連環境自主行動計画」が発表された。環境問題への取り組みは，企業経営にとって不可欠で，環境に配慮した経営を行うことは，企業の重要な社会的責任と見なされているのである。

日本経済団体連合会は，2010年9月に「経団連地球環境憲章」を改定し，企業は公正な競争を通じて付加価値を創出し，雇用を生み出すなど経済社会の発展を担うとともに，広く社会にとって有用な存在でなければならないとしている。そのため，企業は，国内外において，人権を尊重し，関係法令，国際ルール及びその精神を遵守しつつ，持続可能な社会の創造に向けて，高い倫理観をもって社会的責任を果たしていくべきであると，企業の社会的責任を示すようになってきた。このような動きは，2010年11月にあらゆる組織の社会的責任に関するガイダンス規格であるISO 26000の発

行を契機に，一層高まってきた企業の社会的責任を問う世界の潮流に沿って，企業の取り組みが強まった。

　筆者は，雪印乳業㈱（現，雪印メグミルク㈱）による2000年6月の集団食中毒事件，2002年1月の牛肉偽装事件など，それ以来相次ぐ日本企業の不祥事をなくすためには，ガバナンスに一番重みを置いた取り組みが必要であると強調したい。そこで，持続可能な開発のためには，長期的な企業価値の増大に向けて，透明性の高いガバナンスを構築しないといけないと考えている。

　持続可能な開発では，地球資源は有限なので，経済活動は自然条件の制約の中で持続する形で営まなければならないとしている。持続可能な開発のためには，地球資源の枯渇を避け，枯渇性資源の利用削減，再生可能資源の利用拡大，自然の吸収・回復能力を超えないように抑えることなどが求められている。それは，将来世代が自らの欲求を充足できるように，世代間の公平性を保つことでもあるとしている。現在世代が自らの欲求のままに有限な資源を消費してしまうと，自然を破壊し，大量の廃棄物を後世に残すことになり，将来世代は生活に必要な資源が不足し，望ましい環境を失い，経済的コストを負わなければならない。また，先進国と途上国の間の所得格差と，地球資源への環境負荷の格差をなくすために，南北間の同一世代間の公平性を確保し，地球規模での統一的な取り組みを行うことが求められている。このために，日本企業はガバナンスを強化して，透明性を高め，経営トップのコミットメントできちんとさせるべきである。

　持続可能性に向けた1つの達成手段として，1992年6月にブラジルのリオデジャネイロで開催された国際連合の「環境と開発に関する国連会議」を受けて，1994年4月にゼロ・エミッション（Zero Emission）という概念が，グンター・パウリ（Gunter Pauli）国連大学学長顧問が中心となって国連大学によって提唱された。ゼロ・エミッションとは，生産，消費，廃棄に伴って発生する廃棄物をゼロにすることを目的とする運動で，廃棄物などを出さない資源循環型社会を構築するための考え方である。日本では，1990年代後半に大きな社会現象にもなったダイオキシン問題が引き金となり，ゼロ・エミッションが広く一般に注目されるようになった。現在，日

本企業は，ゼロ・エミッションを継続的に実践している。

■ 2.1.2　持続可能な開発目標と企業

　1992年6月にブラジルのリオデジャネイロで開催された「環境と開発に関する国連会議」以来，世界は持続可能な開発を求めてきた。そこで，貧困や不平等，気候変動のための取り組みを求める声が，全世界で上がってきたことで，こうした要求を行動に移すために，2015年9月25日－27日にかけてニューヨークの国際連合本部で開催された「国連持続可能な開発サミット（United Nations Sustainable Development Summit）」の中で，25日に2016年から2030年までのSDGs（Sustainable Development Goals，持続可能な開発目標，通称グローバルゴールズ（Global Goals））を中核とする「私たちの世界を転換する：持続可能な開発のための2030年アジェンダ（Transforming Our World: 2030 Agenda for Sustainable Development）」が採択された。世界の持続的な発展を目指して，貧困や格差の解消，気候変動への対処を含む17の持続可能な開発目標と169のターゲットが掲げられている。

　これは，2000年から2015年までの途上国の開発目標として定められたMDGs（Millennium Development Goals，ミレニアム開発計画）とは異なり，途上国にも先進国にも適用されるものになっている。これで，あらゆる形態の貧困に終止符を打ち，不平等と闘い，気候変動に対処するための取り組みを進めることになった。SDGsは，すべての国々に対し，豊かさを追求しながら，地球を守るための行動を求めている。SDGsの達成に，法的拘束力はなく，目標達成状況の測定方法なども各国に委ねられており，進捗年次報告書を作成するようにしている。

　MDGsは，発展途上国における貧困削減や保健・教育分野の改善など，多くの開発分野において成果を収めた。SDGsは，MDGsを継承しつつ，貧困撲滅のために取り組まなければならない課題をより広くとらえており，持続可能な開発の経済的，環境的，社会的側面に横断的にかかわる課題を広く包含している。

これを受けて，2015年9月26日に国際連合環境計画（UNEP: United Nations Environment Programme）の公認の非営利団体であるGRI（Global Reporting Initiative），国連グローバル・コンパクト（UNGC: United Nations Global Compact），持続可能な開発のための世界経済人会議（WBCSD: World Business Council for Sustainable Development）によって，「SDGコンパス：SDGsの企業行動指針（SDG Compass: The guide for business action on the SDGs）」が発表された。SDGsを達成するために，さまざまな方策を考え，実行することにより，企業は新たな事業成長の機会を見出し，リスク全体を下げることができるとしている。

SDG コンパスは，企業の規模，セクター，進出地域を問わず，すべての企業が関連法を遵守し，国際的に定められた最低基準を維持し，普遍的な権利を尊重する責任を持つという認識の上に成り立っている。企業は自社と関係の深いSDGsの各目標に優先順位を付け，自社目標を設定し，意欲度を設定し，事業に統合させ，SDGsへのコミットメントを公表することになっている。各企業は，影響の評価と優先課題を決定するためにサプライチェーン全体を考慮すべきである。SDGsの事業への統合にあたっては，経営トップによるリーダーシップが求められている。効果的な対処のために，サプライチェーン全体における取り組みを進める必要がある。

これを機に，二酸化炭素排出量削減の長期目標設定では，トヨタ自動車㈱は日産自動車㈱と本田技研工業㈱に後れを取りながら，2015年10月14日に「トヨタ環境チャレンジ2050」という長期の高い目標を発表した。チャレンジ1として，新車二酸化炭素ゼロチャレンジ，チャレンジ2として，ライフサイクル二酸化炭素ゼロチャレンジ，チャレンジ3として，工場二酸化炭素ゼロチャレンジ，チャレンジ4として，水環境インパクト最小化チャレンジ，チャレンジ5として，循環型社会・システム構築チャレンジ，チャレンジ6として，人と自然が共生する未来作りへのチャレンジを掲げている。時代を先取りして，社会が求めている変革を先導しようとする企業の強い意志が感じられる。これで，脱ガソリンエンジン車の開発に拍車がかかることになるであろう。

このチャレンジを実現するには，サプライヤーの協力が必要である。た

とえば，サプライヤーの努力がなければ，ライフサイクル二酸化炭素ゼロチャレンジは達成できない。そこで，トヨタ自動車は，2016年1月に「グリーン調達ガイドライン」を改訂し，サプライヤーに環境マネジメント・システムの構築，温室効果ガスの削減，水環境インパクトの削減，資源循環の推進への取り組みの強化と，新たに自然共生社会の構築への取り組みを依頼しており，他に化学物質の管理についての更新も行っている。

　SDGsには，地球規模の課題解決における企業の役割が重要であるとの共通認識が浸透したことが背景にある。持続可能な開発の実現は，企業が巨大化してきて，さまざまな形で社会問題とかかわることが多くなってきたことで，社会に与える影響が大きいことから，企業抜きに語れなくなってきている。企業に求められる取り組みが中長期にわたることになり，新たな視点での戦略の策定が必要となってきた。今，世界には人権，貧困，環境，平和，開発といったさまざまな地球規模の課題がある。これらの課題を自らの課題としてとらえ，身近なところから取り組むことは，こういう課題の解決につながる。それぞれが持続可能な社会を創造していくことを目指す必要がある。これらの高い目標を実践するために，日本の優れた環境関連技術を活用して，持続可能な社会の実現に役立たせることができるであろう。

■ 2.1.3　アベノミクスという成長戦略

　2012年12月26日に誕生した安倍晋三内閣は，アベノミクス「3本の矢」という，すなわち第1の矢として大胆な金融政策，第2の矢として機動的な財政政策，第3の矢として民間投資を喚起する成長戦略を掲げて，長引くデフレからの早期脱却と日本経済の再生のための経済政策を打ち出した。

　このうち，アベノミクスの本丸となる第3の矢によって，民間需要を持続的に生み出し，経済を力強い成長軌道に乗せていき，投資によって生産性を高め，雇用や報酬という果実を広く国民生活に浸透させようとしている。その一環として作られたのが，2014年2月に内閣府の外局である金融庁によって公表された，機関投資家が守らねばならない諸原則である日本版ス

チュワードシップ・コードである。これは，金融機関を中心とした，企業の株式を保有する機関投資家のあるべき姿を規定した行動規範である。

　本コードは，機関投資家が，投資先の日本企業やその事業環境などに関する深い理解に基づく建設的な目的を持った対話などによって，当該企業の企業価値の向上や持続的成長を促すことにより，顧客・受益者の中長期的な投資リターンの拡大を図ることを目的にしている。

　機関投資家は，スチュワードシップ責任を果たすための明確な方針を策定し，これを公表し，管理すべき利益相反について明確な方針を策定し，これを公表せねばならない。そして，投資先企業の持続的成長に向けてスチュワードシップ責任を適切に果たすため，当該企業の状況を的確に把握し，投資先企業との建設的な目的を持った対話によって，投資先企業と認識の共有を図るとともに，問題の改善に努め，議決権の行使と行使結果の公表について明確な方針を持たねばならない。さらに，投資先企業の持続的成長に役立つものとなるよう工夫し，スチュワードシップ責任をどのように果たしているのかについて，顧客・受益者に対して定期的に報告を行い，投資先企業との対話やスチュワードシップ活動に伴う判断を適切に行うための実力を備えるよう金融庁は促している。このスチュワードシップは，企業の長期的な成長を経済全体の発展へとつなげるために，機関投資家が積極的に役割を果たすべきであるという考え方に基づいている。

　日本版スチュワードシップ・コードは，イギリスのスチュワードシップ・コードを参考にして作られている。本コードを受け入れる機関投資家は，コードを受け入れる旨，及びスチュワードシップ責任を果たすための方針などを自らのウェブサイトで公表すること，当該公表を行ったウェブサイトのアドレスを金融庁に通知することが期待されている。本コードの法的拘束力はなく，本コードに記載されている原則と指針のすべてを遵守しなければならないというものでもなく，遵守しないものがある場合はその理由や自らのスチュワードシップに対する取り組みについて説明を行うことが求められている。金融庁の公表によると，2016年7月8日現在，日本版スチュワードシップ・コードの受け入れを表明した機関投資家は210団体に上る。

また，2014年8月に一橋大学大学院商学研究科の伊藤邦雄教授が座長を務めた，経済産業省のプロジェクトによる最終報告書である「持続的成長への競争力とインセンティブ：企業と投資家の望ましい関係構築（通称伊藤レポート）」が公表された。このプロジェクトの背景には，金融危機の反省から欧米で短期的な投資の是正やコーポレートガバナンスの強化が積極的に議論されたことがある。この報告書に強制力はなく，企業が投資家との対話によって持続的成長に向けた資金を獲得し，企業価値を高めていくための課題を分析し，提言を行っている。

　さらに，2015年2月に金融庁と㈱日本取引所グループの子会社で日本最大の金融商品取引所である㈱東京証券取引所によって，コーポレートガバナンス・コードが公表され，同年6月から適用されるようになった。このコードは，上場企業が遵守すべき事項を規定した行動規範である。

　本コードでは，企業の持続的な成長と中長期的な企業価値の向上を図ることに主眼があり，各々の置かれた状況に応じて，実効的なコーポレートガバナンスを実現することができるよう，原則主義を採用している。

　上場企業は，株主の権利を守り，ステークホルダーとの協同に努め，財務情報や非財務情報を開示し，収益力・資本効率などの改善を図り，株主との間で建設的な対話を行い，独立社外取締役を少なくとも2人以上選任するよう促している。攻めのガバナンスの実現を目指すもので，経営者マインドの変革を求めている。

　日本のコーポレートガバナンス・コードは，経済協力開発機構（OECD）のOECDコーポレートガバナンス原則と，イギリスのコーポレートガバナンス・コードを参考にして作られている。本コードに法的拘束力はなく，上場企業は同意するか，しない場合はその理由を投資家に説明するよう求められている。定着するまでには，ある程度の時間を要するものと思われる。

　これらは，日本政府の成長戦略のもとに，日本企業の国際競争力を高める政策の1つとして打ち出された。これまでデフレ下にあった日本企業は，リスクを恐れて，新規設備投資やM&Aなどに注力せず，収益を株主への配当や従業員の賃上げに回さず，内部留保として溜め込んできた。日本政府は，このような企業の慎重姿勢を改善させ，グローバル競争で勝ち抜くこ

とができるような経営基盤を築き上げたいと考えている。日本経済を立て直すには，経営者の意識改革が必要である。日本経済を左右するのは，企業によるこれらの運用次第で決まってくるといい得る。日本企業が，持続可能な開発を達成するためには，経済性，環境性，社会性の一体化を図りながら，日本政府によるこれらの政策に追随すべきである。

■ **2.2** 環境経営とは

　1960年代から1970年代に発生した産業公害の影響を受けて，公害に関する経営学的研究が始まり，1980年代に入って地球環境問題が台頭したことで，環境問題に関する経営学的研究が始まり，それ以来，持続可能な開発が世界的課題として広く認識され，そうした企業の取り組みが社会的に求められるようになってきたことで，1990年代後半に今日の環境経営学が確立された。

　日本における環境経営の概念を見ると，たとえば，環境経営の草分け的存在である鈴木幸毅は，1999年に「環境経営とは，循環型社会を目指す企業経営スタイルである」と定義した。2002年には「環境経営とは，地球－生態系，産業－経済系，人間－社会系の三者の持続可能性を志向して組織化し経営するという企業経営の姿である」と定義した。また，2008年には「環境経営とは，環境思想・倫理，環境管理，環境責任，環境技術を理論的に体系化して構築する循環型社会の経営学である」と定義した。[11]

　一方，金原達夫は，2005年に「環境経営とは，個別組織の立場から，資源使用量を減らし環境負荷を削減して，経済価値と環境保全の両立を目指す経済活動の管理運営を意味している」と定義した。2011年には「環境経営とは，持続可能性の実現に向けて意識的に行われる経営活動のプロセスである」と定義した。2013年には「環境経営とは，環境負荷を削減しながら，事業活動を行うプロセスを意味するものである」と定義した。また，2015年には「環境経営とは，持続可能な社会の実現のために，事業活動に投入

される資源，エネルギー，化学物質などの使用から生ずる環境負荷を低減して環境保全を意識的に行いながら，経済価値の創出を同時に追求する経営活動プロセスである」と定義した。[12]

　また，環境経営学会は，環境経営としてサステイナブル経営という表現を使っており，2009 年に「サステイナブル経営とは，持続可能な社会の構築に企業として貢献することを経済理念の 1 つの柱と定めて経営を進め，社会からの信頼の獲得と経済的な成果を継続的に上げることによって，企業の持続的発展を図る経営である」と定義した。また，2014 年には「サステイナブル経営とは，地球資源に関する自然的制約のもとで，持続可能な社会の構築に貢献することを経済理念の 1 つの柱と定めて経営を進め，社会的公平・公正の原則を認識しつつ，社会からの信頼の獲得と経済的な成果を継続的に上げることによって，企業の持続的発展を図る経営である」と修正した。[13]

　このように，環境経営の概念は，持続可能性を価値前提として，それを実現するために，利益創出と環境保全を同時に実現しようとするものである。企業の経済価値の向上の上に環境負荷を減らして，持続可能な社会を実現しようとする経営活動であると見ているのである。企業経営の隅々まで環境を意識し浸透させることで，企業は適切な経営を営むことになるであろう。

　筆者は，「環境経営とは，持続可能な社会を構築するために，経済性，環境性，社会性という 3 つの側面のバランスをとりながら，透明性の高いガバナンス体制のもとで，経営理念と環境理念が一体化した経営である」と見たい。つまり，環境経営は，持続可能な社会を前提にして，強力なガバナンス体制の中で推進しないといけない。

　国際的に環境規制が厳しくなるにつれ，環境経営に真剣に取り組まざるを得なくなってきた。企業が積極的な環境経営を行うことで，企業価値を高めることができ，その結果利益をもたらすことになる。企業は，社会的責任を果たすために，環境経営に積極的に取り組むべきである。

　日本企業の環境理念ないし方針を見ると，たとえば，三菱電機グループは，「未来の人々と地球環境を共有しているとの認識の下，環境への取り組

みを経営の最重要課題の1つとして位置付け推進し，社会規範を守り，た
ゆまぬ技術開発と行動により事業活動を通じて豊かで持続可能な社会の実
現に貢献していく（214年4月現在）」と公表している。[14]

　富士フイルムグループは，「環境・経済・社会のすべての面において確実
で一歩先行した取り組みにより先進企業となることを目指し，製品・サー
ビス・企業活動における高い環境品質を実現することで，顧客満足を達成
するとともに，持続可能な発展に貢献する（2002年4月制定，2010年1月
改訂）」と公表している。[15]

　また，サントリーグループは，「環境経営を事業活動の基軸にし，バリュ
ーチェーン全体を視野に入れて，生命の輝きに満ちた持続可能な社会を次
の世代に引きわたすことを約束する（1997年制定，2015年改訂）」と公表
している。[16]

　これらの企業は，将来世代のために，持続可能な社会の実現に貢献しよ
うとして環境経営を進めることを宣言しており，これは環境経営が事業活
動と対立するものではなく，事業活動の中核に位置付けなければならない
ことを示している。最高経営責任者が，社会の動向を察知して，環境理念
を立て，それを生きたものとして進めているのである。

　環境省による2014年度における環境配慮型経営の取り組み状況について
の調査を見ると，環境配慮型経営を実践していく上で重視する事項につい
ては，「ステークホルダーへの対応」と回答した企業が53.7％と最も多かっ
た。次いで「環境と経営の戦略的統合」が51.8％，「経営責任者のリーダー
シップ」が44.7％，「組織体制とガバナンスの強化」が42.9％となっている。[17]
この調査結果から，多くの企業が環境経営に対する重要性を認識し，社内
の位置付けとして経営と環境の一体化を試みるようになったことが読み取
れる。

　2010年11月にあらゆる組織の社会的責任に関するガイダンス規格であ
るISO 26000が発行されたことで，環境経営が企業の経営理念に深く結び
つけられ，経営トップの直轄事項となり，全従業員が一丸となった取り組
みが進められてきているが，まだ本業との結びつきは弱いようである。長
期的視点に立った戦略を見出せれば，持続可能な経営をさらに進めること

ができるであろう。環境経営はコストがかさむという従来の考え方を捨て，環境経営を行うことで社会的責任を果たすことが可能で，企業の持続的成長につながると認識すべきである。

　環境経営は，環境負荷を軽減させるための取り組みを事業活動全体において行うものである。これは，事業のライフサイクル全体にかかわって行われる活動である。環境問題に対する取り組みは，発生後の事後的対処ではなく，発生源から予防的に取り組むもので，利潤の増大と環境負荷削減の両方を追求しようとする，持続可能性に向けた取り組みである。

　持続可能な開発の概念が受け入れられて以来，持続可能な社会のための企業の取り組みは，社会的責任として強調されるようになった。企業の事業活動がグローバルに広がった結果，企業が大きな力を持つようになり，企業がさまざまな形で社会問題とかかわることが多くなってきたためである。企業は，企業活動を持続可能な開発の観点から，経済だけでなく，環境，社会という3つの側面において考慮することが求められている。このトリプル・ボトムライン（Triple Bottom Line）は，サステナビリティ（SustainAbility）社のジョン・エルキントン（John Elkington）によって，1994年の『カルフォルニア・マネジメント・レビュー（*California Management Review*）』誌の中で提案された。[18]企業が，環境面と社会面を考慮することなく，経済面に偏った経営を行ってきたが故の提案である。

　環境問題は経済的，社会的側面と密接に関連しているので，持続可能な開発のためには経済性，環境性，社会性を包摂した体系的な方法が必要である。企業は，自社の事業が社会に与える影響をあらゆる側面から考慮して事業活動を行うことで，持続可能な開発が可能となり，社会的責任を果たすことができるのである。

2.3 環境経営への取り組み

　日本企業は，1954年12月以降の高度経済成長の頃は，規制されない限り
は自主的な公害防止策を整えず，生産による環境への影響，製品の廃棄に
よる環境に与える影響に配慮しない企業経営を行ってきた。経済成長のた
めの産業基盤整備を最重点とする政府政策で，環境汚染，健康被害が多く
発生し，政府と企業の公害対策は後追いで実施された。

　たとえば，三井金属鉱業㈱のカドミウムによるイタイイタイ病，新日本
窒素肥料㈱の有機水銀による熊本水俣病，石原産業㈱，中部電力㈱，昭和
四日市石油㈱，三菱油化㈱，三菱化成工業㈱，三菱モンサント化成㈱の二
酸化硫黄による四日市ぜんそく，昭和電工㈱の有機水銀による新潟水俣病
という4大公害病が発生し，今でも苦しんでいる人々がいる。

　このような一連の事件の後，1970年11月の第64回国会，すなわち公害国
会と呼ばれる国会審議で，公害関係14法が制定・改正され，たとえば「公
害防止事業費事業者負担法」が成立するなど法整備が整い，環境政策の進[19)]
展のために1971年に環境庁（2001年の中央省庁再編により，環境省へ昇
格）が設置された。この頃の企業は，製造業を中心に生産現場で法令を忠
実に守って公害対策を実施した。しかし，低成長の時代を迎えて，1975年
以降に顕著になった公害行政と対策の後退で，企業が公害対策に力を入れ
なくなってきた。

　この結果，大量生産，大量消費，大量廃棄が当たり前の中で，1980年代
に地球環境問題が台頭して，持続可能な社会の構築のために，地球環境問
題への世界的な取り組みが強化されたことで，1990年代になると企業は
全活動において環境負荷を減らす方向へ転換し，資源使用量を減らし，資
源の再使用・再資源化による循環型社会の構築を目指すようになってきた。
1996年9月に環境マネジメント・システムであるISO 14001が発行されて
以来，このような取り組みがさらに強まってきたことで，20世紀の産業経
済の基本となっていた大量生産，大量消費，大量廃棄の考え方を修正する
ことが求められ，自然の限界の中で持続可能な循環型社会の形成が推進さ

れている。市場を通さないで，不利な影響を受ける外部不経済として放置することを，社会が許さなくなってきているのである。大量生産，大量消費，大量廃棄の考え方を置き去りにした，持続可能な社会を作っていく方法で取り組みが進められている。

　日本企業が，環境経営の取り組みとして実践しているのは，主として3R（Reduce，Reuse，Recycle），ゼロ・エミッションの実施，ISO 14001の認証取得，ISO 26000の受容，環境報告書の作成，ライフサイクル・アセスメント，エコデザインの導入，グリーン購入・グリーン調達の実施，環境会計の公表などである。このように，全般的な領域を対象に，企業活動を環境負荷削減の方向へ導いている。しかし，このような現在の環境経営のための取り組み方法は，持続可能性を保障していないので，環境問題の解決に向けた最善の方法ではない。試行錯誤の中で，持続可能な取り組みを見付けねばならない。それぞれの環境経営関連の取り組みについての詳しい説明は，次の第3章と第4章で述べることにする。

　1996年9月に環境マネジメント・システムであるISO 14001が発行され，日本企業の環境問題への取り組みが本格化するにつれ，企業間の取引上の要素として，従来の品質（Quality），コスト（Cost），納期（Delivery）と並んで，環境（Environment）が新たに加わった。環境経営の基本として，経済価値，環境価値，社会価値を満たさなければならなくなってきているのである。積極的な環境経営の推進が，企業価値の強化につながるという認識は浸透してきているが，利益創出と環境負荷削減を両立させていない企業が未だに多いのが現状である。

　1990年代に入ってからの日本社会は，地球環境問題が大きくクローズアップされてきたことで，経済重視社会から，エコノミーとエコロジーの調和を目指す方向へと動いている。企業による一連の環境経営は，自社の価値を高めるために行われてきたが，経営理念と環境理念が分離されていることで，環境問題への取り組みはコストがかかるという意識が強かった。利益を生み出す環境経営のために，本業の中での環境経営に視点を置く必要がある。すなわち，経営理念の中に環境理念を取り入れて，本業と一体化した環境経営に取り組むことで，企業は業績を高めることができるであろ

う。

　たとえば，サントリーホールディングス㈱は，2005年から「水と生きる SUNTORY」というコーポレート・メッセージを掲げて，本業に結びついた環境経営を行っている。同グループの製品生産には，多くの水資源を必要とするが，水源管理をしているので，よりきれいな状態で涵養されていると伝わり，本業の拡大が環境価値の拡大に直結している。

■ 2.4 CSR経営

■ 2.4.1 CSRの台頭

　景気低迷に加え，2001年12月にアメリカのエネルギー商社であったエンロン（Enron）社による粉飾決算が明るみに出て破綻に追い込まれて以来，2002年7月には同国の大手通信企業であったワールドコム（WorldCom）社が同じ道を辿ったことで，アメリカ経済・金融システムへの信頼が失墜した。エンロン社などの事件以降，CSR（Corporate Social Responsibility，企業の社会的責任）が注目を集めている。CSRは，経済性，環境性，社会性という3つの視点から企業の責任を評価しようとする考え方である。

　このような理由から，企業の社会的責任の状況を考慮して行う投資SRI（Socially Responsible Investment，社会的責任投資）も成長しつつあった。社会的責任の評価基準は，法令遵守，環境保全を始め，人権，労働環境，安全衛生，消費者保護，地域社会貢献，腐敗防止などさまざまな社会的問題への対応やそれに対する積極的活動が挙げられている。このような，経済性，環境性，社会性という3つの側面によるトリプル・ボトムラインの概念に基づいて企業を評価し，その評価結果に応じて企業に投資するSRIが広まったのである。日本では，1999年にSMBC日興証券㈱から，初めて環境面の評価を考慮した「日興エコファンド」が発売された。

　しかし，2006年4月に国連環境計画金融イニシアティブ（UNEP FI: United Nations Environment Programme Finance Initiative）と国連グ

ローバル・コンパクト（The United Nations Global Compact）によって
「責任投資原則（PRI: Principles for Responsible Investment）」が策定さ
れ，ガバナンス，環境，社会という3要素で企業を分析して投資するESG
（Environmental, Social, Governance の頭文字）投資が広まっており，日
本でも議論されるようになった。特に，相次ぐ企業不祥事のため，環境と
社会よりガバナンスに重きが置かれている。こういう中で，2010年12月に
日本労働組合総連合会（略称連合）によって「ワーカーズキャピタル責任
投資ガイドライン」が公表され，財務的要素に加え，ESGなどの非財務的
要素を考慮することが求められた。

　また，2014年2月に金融庁によって責任ある機関投資の諸原則である日
本版スチュワードシップ・コードが公表され，2015年6月から金融庁と㈱
東京証券取引所によってコーポレートガバナンス・コードが適用されるよ
うになった。

　さらに，2015年9月16日に厚生労働省所管の年金積立金管理運用独立行
政法人が「責任投資原則」に署名したことで，日本国内でのESG投資が進
むことが期待されている。このような結果，企業の外的要因に重点を置い
たSRIに代わって，企業自身にも十分に目を向けたESG投資が一般的にな
ってきている。

　SRIもESG投資も，本業によって環境や社会に好影響を及ぼす企業に投資
するという考え方ではある。しかし，SRI投資は20世紀前半，アメリカの
キリスト教会が投資する際にアルコールやギャンブルなど教義に反する事
業を対象から外したことが発祥とされていることから，投資収益よりも倫
理観を優先して投資対象を選ぶのが特徴で，投資によって社会をよりよい
ものにしようとするものであったが，ESG投資は投資収益を重視する投資
である。運用会社の経験値が高まっていくにつれて，2015年9月のドイツ
のフォルクスワーゲン（Volkswagen）社が起こした排ガス不正問題と[21]，2016
年4月の三菱自動車㈱の燃費不正問題のような不祥事がESG投資の進化を
促すであろう。ESG投資は，不正会計などの不正が企業の株価暴落を招き，
社会からの信用をなくし，企業の存続基盤を揺るがすことから，特にガバ
ナンスが企業価値に大きな影響を与えるという考え方に基づいている。

■ 2.4.2　本業とCSRの一体化

　日本でのCSRに関する議論は，1956年11月に（公社）経済同友会が公表した，企業は社会の公器であるとの自覚のもとでの「経営者の社会的責任の自覚と実践」というCSR決議を起点にしている。生産諸要素を最も有効に結合し，安価で良質な製品を生産し，サービスを提供するのが経営者の社会的責任としたことで，日本企業が初めてCSRを認識するようになった。その後，アメリカで1953年に出版されたボーエン（Bowen, Howard Rothmann）の『ビジネスマンの社会的責任（*Social Responsibilities of the Businessman*)』の翻訳本が1960年に出版された[22]ことを契機に，日本企業がCSRについて広く認識するようになった。

　日本企業によるCSR経営は，1960年代から環境問題や企業不祥事に対する反省や自戒を繰り返す中で，独自にでき上がったもので，法令遵守，社会貢献，環境対応とされる日本型CSRが形成されるようになった。日本企業が，CSR経営の一環として社会貢献に力を入れるようになったのは，1980年代にアメリカから企業市民の概念が導入されたことによる。バブル経済ということで業績が好調であったこともあって，利益の一部を慈善事業や文化活動であるフィランソロピー（Philanthropy）やメセナ（Mecenat）活動に使うようになり，CSR経営における取り組みが本来の事業内容から切り離されていた。

　この一例として，1990年11月に（一社）日本経済団体連合会によって「１％（ワンパーセント）クラブ」が設立され[23]，経常利益（法人）や可処分所得（個人）の１％以上を目安に社会貢献活動に支出するよう呼びかけた。日本経済団体連合会１％クラブによる2014年度の調査内容を見ると，学校教育・社会教育が15.5％と分野別支出のトップとなっており，次いで学術・研究が13.8％，健康・医学とスポーツが13.5％，文化・芸術が13.1％となっている[24]。すなわち，利益の社会還元の中でも，教育への投資が多いことがうかがえる。

　企業がグローバル化してきたことで，世界のさまざまな社会的課題にかかわることが多くなってきたために，その解決の主体として企業に対する

期待が高まりを見せてきた。こうした状況を背景に，2010年11月にあらゆる組織の社会的責任に関するガイダンス規格であるISO 26000が発行されたことで，CSRの定義が世界的に統一され，日本企業は法令遵守，社会貢献，環境対応だけでなく，人権，労働問題にも目を向けなければならなくなってきて，CSRは社会貢献にとどまらず，本業の戦略そのものとなった。ようやく本業とCSRの統合によって，CSRを経営の中核に据えて経営を行うようになり，本業とCSRの一体化の動きはさらに進みそうである。CSR経営は，企業がステークホルダーの利害を尊重し，法を守り，人権を保護し，雇用を確保し，労働慣行を改善し，環境を保全するなどの課題に取り組み，その取り組みに対して説明責任を果たすことが求められている。

　日本企業の場合，ISO 14001が発行されたことで，環境経営に本格的に取り組むようになり，環境経営が進んでおり，世界的にも認められているが，ISO 26000が発行されたにもかかわらず，人権，労働慣行に関しては全世界から見て遅れているとの評価を得ている。こういう状況下で，社会的要請からCSRに取り組み始めた企業も，社会的責任を果たすことで持続可能な成長が可能であることを認識し始めており，当初は企業にとってコストでしかなかったCSR活動も，本業と結び付けた形で行われるようになり，本業の持続的な価値創造や競争力向上に結び付くような活動へと変わってきた。

　CSR活動を単なるコストとせずに，社会的責任を果たすためには，本業でのノウハウを生かして，新しい価値創造を行うチャンスとしてとらえる必要がある。CSR経営のためには，経営トップのリーダーシップによる正しい目標設定とコミットメント，従業員の自覚と責任のある参画が成功のカギといえる。

　たとえば，トヨタ自動車㈱は，社会のCSRへの関心の高まりなどを踏まえ，2008年8月にCSR方針を改訂し，人，社会，地域環境と調和を図りながら持続可能な社会の実現を目指して，本業の中で環境に優しい車や予防安全・衝突安全に優れた機能の開発・導入という本業に結びついたCSR経営を行っている。この結果，1997年12月に量産ハイブリッド車（HV: Hybrid Vehicle）[25]であるプリウスを発売して以来改良を続けており，2014年12月

に水素を用いる燃料電池車（FCV: Fuel Cell Vehicle）[26]であるMIRAIの発売という，儲かるCSR経営を推進している。

　社会からの批判を受けるような不祥事の防止のためには，海外の事業所の管理・監督・チェックが必要である。そのために，CSR調達ガイドラインなどを作って，チェックを行わなくてはならない。そこで，従来は（社）電子情報技術産業協会資材委員会によって2006年に発行されたチェックシートが多く使われたが，改訂版が新しく発行されなくて，内容が古くなってきたことで，最近はEICCによって2012年に発行された「EICC行動規範v4.0」を使ってサプライチェーンを管理している企業が多くなっており，独自のチェックシートを作って使っている企業もいる。特に，アパレルなどの労働集約型の企業にとっては，途上国にある工場に製造委託したときのリスクが高まってきたことで，サプライチェーン関連の取り組みが進んでいる。新しく，環境経営学会中小・中堅企業のサステイナビリティ診断ツール開発研究委員会が，2014年に認識編Ver.2.1aを，2015年に実践編Ver.1.1を発行しているので，参考にできるであろう。[27]これは，付録にあるので，参考に使って役立てて欲しい。

　現在のグローバル企業の事業は広範囲に及び，サプライチェーンの隅々までは目が行き届きにくいが，何か問題が発生すると国際NGO（Non-Governmental Organizations，非政府組織）から攻撃を受けることがある。世界の情報を日本国内で得るのは難しいので，国際機関や国際NGOから情報を得ることで，ことを上手く進めることができる。たとえば，国際NGOが問題視している特定の森林からの木材を購入しないことで，より円滑に事業活動を行うことができる。

■ 2.4.3　CSRとCSV

　最近，CSRの新しい概念としてCSV（Creating Shared Value，共有価値の創出）という言葉が注目を浴びている。CSRは，企業が自らの意思決定や事業活動により経済や環境，社会に及ぼす影響に対する責任といえる。一方のCSVは，社会的課題を解決するための製品や事業を開発し，経

済的価値とともに社会的価値を創出しようとするもので、2011年に『ハーバード・ビジネス・レビュー（*Harvard Business Review*)』誌で、ネスレ社からCSVのコンセプトを学んだハーバード大学のマイケルE. ポーター（Michael E. Porter）教授とマーク R. クラマー（Mark R. Kramer）研究員によって提唱された。²⁸⁾ポーター教授とクラマー研究員は、そもそもCSRを慈善活動と見ており、本業との関係が薄いことから、本来のCSRとは異なると見ていた。

　CSVを実践している企業として、CSVの元祖であるネスレ（Nestle）社を上げることができる。同社は、2006年1月のスイスのダボスで開催された世界経済フォーラム（World Economic Forum）年次総会（通称ダボス会議）をきっかけに、CSR活動の一環としてCSVへの取り組みを始めた。この世界経済フォーラム年次総会でCSRをテーマにした会議があり、そのときに同社はCSRの他に企業の社会における役割を規定するもっと一貫性のある方法がないかと考えて、CSVを打ち出した。同社は、中核となる事業分野で最大限の価値を創造するために、CSVの優先課題として栄養、水資源、農業・地域開発という3つの分野を設定しており、これらは同社の本業に近いテーマであり、そしてグローバルで大きな課題の解決にも貢献するものである。

　たとえば、ネスレの「ネスプレッソ（Nespresso）」は、最先端のエスプレッソ・マシンと世界各地のコーヒー豆の粉末が入ったカプセルを組み合わせたもので、高品質と利便性を提供したことで、プレミアム・コーヒー市場を拡大している。コーヒー豆の品質の向上と安定した供給を受けるために、コーヒー農家、その家族、コミュニティーの生活の向上を目指している。現地の農学者などのパートナーと協力し、農家が同社の基準を満たす産物を収穫し、割増報酬を得られるよう農家に対する助言やサポートを行っている。この結果、高い品質のコーヒー豆が生産されるようになったことで、栽培農家の所得が増えており、会社側は品質の高いコーヒー豆を安定的に入手できるようになり、共有価値が創出されたといえる。²⁹⁾CSV活動が、トップのサポートによって事業と一体化しているのである。

　ポーター教授とクラマー研究員はCSVをCSRに替わるものとして位置

付けているが，ネスレ社はコンプライアンス（法律，経営に関する諸原則，行動規範），サステナビリティ（持続的に事業を守る）に支えられた最上部の概念（栄養，水資源，農業・地域開発）として位置付けている。

　CSRは，企業の社会的責任であり，社会の期待に企業が応えることである。ポーター教授とクラマー研究員によるCSVは，企業が経済的に成功するためのもので，社会的課題を自社の強みで解決することで，企業の経済的な成長へとつなげていく差別化戦略である。CSRはISO 26000によって国際的に認められた世界の合意事項なので，CSVで代替できるものではない。そのため，CSVに取り組む際にもCSRは不可欠であり，経済や環境，社会に及ぼす影響を考慮する必要がある。CSVのみに注目すると，社会的責任を果たすという本来のCSRの視点が軽視される恐れがあり，CSRとCSVをともに実践すべきであろう。

　持続可能な社会に寄与し，業績に貢献できる儲かるCSRを導入すべきである。CSR経営を行うことで，ステークホルダーからの評価を高めることができて好業績につながり，社会全体のことを考えるようになることで経営者が将来を見通す洞察力を培うことができ，企業の透明性が向上するであろう。このようなCSR経営の実践には，従業員の意識を高めるために経営トップのリーダーシップと関与がなくてはならず，きちんとしたコミットメントが求められる。

　事業活動がグローバルに広がった結果，企業がさまざまな形で社会問題とかかわることが多くなってきた。経済発展に伴い，大きな力を持つようになった企業が，新しい社会作りにおいても中心的な役割を担うことが期待されている。CSR経営のためには，さまざまなステークホルダーに目を向け，彼らの要請に応えて，事業のあり方を改善していく責任がある。

■ 2.5 環境経営格付け

■ 2.5.1 日本経済新聞社による環境経営度調査

　環境経営格付けは，企業の環境経営への取り組みをさまざまな指標によって測定し，その格付けを行うものである。環境経営格付けを行う理由は，持続可能性に向けた企業の社会的責任として環境経営の取り組みを評価するためである。

　日本で最も代表的なものである日本経済新聞社の「環境経営度調査」は，1997年に始まっている。日本経済新聞社の場合，製造業と非製造業（金融，サービス業，卸・小売業）ではその活動内容が異なるために別々に格付けしている。年1回のペースで，企業の経営と環境を両立させる取り組みを評価している。各企業のスコアは，製造業，建設業は5つの評価指標（環境経営推進体制，汚染対策・生物多様性対応，資源循環，製品対策，温暖化対策），非製造業，電力・ガス業は4つの評価指標（環境経営推進体制，汚染対策・生物多様性対応，資源循環，温暖化対策）によって，指標ごとに最高点の企業が100，最低点の企業が10になるように変換，合計してスコアを出している。したがって，製造業，建設業の最高スコアは500，非製造業は400となる。ただし，電力・ガス業は，対象社数が少ないため，評価指標の平均を50，合計の平均を500に変換している。

　第19回「環境経営度調査」は，2016年1月25日に発表された。上場企業，非上場企業の有力企業のうち，製造業1,737社，電力・ガス，建設業，小売り・外食など非製造業1,493社を対象に，2015年8月下旬から11月上旬まで実施し，有効回収率は製造業23.8％，非製造業19.6％であった。図表2-1の製造業ランキングでは，413社のうち，電機や精密機器，自動車などが上位に並んだ。上位を占めた企業の場合，取引先を含めたサプライチェーン全体の省エネルギーなど，国を超えた環境対策を推進している企業が多かった。

　製造業全体では，コニカミノルタ㈱が2年連続首位で，僅差で日産自動車㈱が2位であった。両社に共通する点は，自社で培った地球温暖化対策

図表2-1　第19回環境経営度指標ランキング：製造業上位100社

順位	社名	スコア	順位	社名	スコア	順位	社名	スコア
1	コニカミノルタ	490	35	富士重工業	458	68	積水化学工業	435
2	日産自動車	489	35	富士電機	458	68	ヤマハ発動機	435
3	キヤノン	486	37	サンデンホールディングス	457	71	サントリーホールディングス	434
4	YKK	483	38	豊田自動織機	455	72	アマダホールディングス	433
5	住友電気工業	482	39	トヨタ紡織	454	72	日本ケミコン	433
6	トヨタ自動車	481	40	OKI	451	74	東芝テック	432
7	パナソニック	479	41	王子ホールディングス	450	74	アンリツ	432
8	デンソー	478	42	ダイキン工業	449	74	グローリー	432
8	ホンダ	478	42	日本ダバコ産業	449	77	新日鉄住金	431
10	コマツ	477	44	花王	448	78	ヨロズ	430
10	日立建機	477	44	凸版印刷	448	79	積水樹脂	429
12	三菱電機	476	44	コクヨ	448	79	ダイハツ工業	429
13	日立製作所	474	44	アサヒグループホールディングス	448	79	田辺三菱製薬	429
13	日本精工	474	48	セイコーエプソン	446	82	信越化学工業	428
13	クボタ	474	48	横河電機	446	82	富士通ゼネラル	428
16	富士フイルムホールディングス	472	48	エスペック	446	82	タキロン	428
16	ケーヒン	472	51	アイシン精機	445	82	マキタ	428
18	豊田合成	469	52	マツダ	444	82	北越紀州製紙	428
19	シャープ	468	52	クラリオン	444	87	JSR	427
19	ブラザー工業	468	52	ダイフク	444	87	日立造船	427
19	大日本印刷	468	55	日清製粉グループ本社	443	89	住友重機械工業	426
19	ディスコ	468	56	ライオン	442	89	住友ゴム工業	426
23	リコー	465	57	カシオ計算機	441	89	日本ガイシ	426
23	東京エレクトロン	465	58	アズビル	440	92	キッコーマン	425
25	ジェイテクト	464	58	パイオニア	440	92	資生堂	425
25	ソニー	464	60	東レ	439	94	ウシオ電機	424
25	スズキ	464	61	NTN	438	94	東洋ゴム工業	424
28	富士通	463	61	オムロン	438	94	イトーキ	424
29	東芝	462	61	日立工機	438	94	久建工業	424
29	NEC	462	61	キリンホールディングス	438	98	協和発酵キリン	423
29	日野自動車	462	65	富士通テン	437	98	味の素	423
32	キヤノン電子	461	66	TOTO	436	98	LIXIL	423
32	オリンパス	461	66	IHI	436			
34	ブリヂストン	460	68	TDK	435			

出所：「第19回環境経営度指標ランキング：製造業」『日経産業新聞』（朝刊）2016年1月25日12
－13面参照。

などのノウハウを伝えたことであった。電機・精密・機械部門での首位は，製造業全体でもトップであったコニカミノルタ㈱で，取引先を含めた環境配慮型製品の拡大など先進的な取り組みを進めていることで，高い評価につながった。自動車・自動車部品では，日産自動車㈱が首位に立ち，2015年12月にフル充電時で航続距離を2割長くした電気自動車（EV: Electric Vehicle）リーフを発売したことが評価された。

　また，非鉄金属・鉄鋼部門では，住友電気工業㈱が6年連続首位を維持しており，省エネルギー対策を進めていることが評価された。食品・医薬品業界では，日本たばこ産業㈱（略称JT）が前年の2位から1位になっており，バリューチェーン全体での温暖化ガスの排出量を管理し，水質汚濁や渇水など水関連のリスク評価の実施を広げたことが評価された。さらに，化学・石油業界では，富士フイルムホールディングス㈱が9年連続の首位を堅持しており，環境経営の推進体制や製品対策などで高い評価を得ている。このような結果から，日本企業による環境経営に対する強力な推進体制がうかがえた。

　このように，日本企業が環境経営に一生懸命なのは，社会的責任の自覚によるものである。環境省による2015年度における環境配慮型経営の推進状況についての調査でも，「環境に配慮した取り組みと企業活動における位置付けについて」質問したところ，「社会的責任」と回答した企業が最も多く，64.9％を占めていたことからも裏付けられる。[30]

■ 2.5.2　日経BP環境経営フォーラムによる環境ブランド調査

　もう1つの日経BP環境経営フォーラムによる「環境ブランド調査」は，2000年から毎年実施されている。主要560の企業ブランドを対象に，各企業の環境に関する活動が一般の消費者やビジネスパーソンにどう伝わっているのかについて，インターネットを利用してアンケート調査し，結果を集計・分析している。17回目の調査期間は2016年3月19日－4月24日で，全国の一般消費者2万300人から回答を得ている。日本経済新聞社の「環境経営度調査」のように企業調査ではなく，一般消費者を相手にした調査

ということで，趣旨が異なっている。

　ランキングに使う「環境ブランド指数」は，企業のブランド形成に影響する4つの指標を総合したもので，偏差値（平均50）で表している。4つの指標とは，回答者が当該企業の環境情報に触れた度合いである「環境情報接触度」，環境報告書や各種メディアなどの環境情報の入手先を集計した「環境コミュニケーション指標」，環境面で当てはまると思われるイメージについて集計した「環境イメージ指標」，環境活動への評価を集計した「環境評価指標」である。「企業ブランド」とは，必ずしも1つの企業を指すわけではなく，グループ企業など複数企業で共通して使っている商標などを1つとしてカウントしている。

　図表2-2を見ると，過去5年間首位を守ってきたサントリーホールディングス㈱を抜いて，トヨタ自動車㈱が1位に上った。トヨタ自動車は，ハイブリッド車であるプリウスの製品イメージなどで2000年から10年間首位を守ってきたが，2010年に家電自ら節電する機能を備える「エコナビ」を打ち出したパナソニック㈱に首位を奪われており，2011年には「水と生きる」というコーポレート・メッセージで強力なブランドを築いたサントリーが首位を奪い，それ以来，久しぶりに2016年にトヨタ自動車が首位に上り詰めた。

　このような結果は，トヨタ自動車が2014年12月に世界初の燃料電池車であるMIRAIや2015年12月にハイブリッド車である4代目のプリウス（Prius）の発売に加え，2015年10月に打ち出した「トヨタ環境チャレンジ2050」で，持続可能な社会の実現のために何をするかを明確に打ち出したためである。

　トヨタ自動車は，ハイブリッド車であるプリウスから始まり，燃料電池車であるMIRAIまで，すっかり環境対応車のブランドを確立した。トヨタ自動車は，ハイブリッド車であるプリウスで環境ブランドイメージにおいてトップであるという評価を得ており，環境対応車が次々と発売される中で，新しい技術である燃料電池車であるMIRAIをいち早く市販したことによって，トヨタ自動車の環境ブランドイメージの維持強化につながった。

　2030年を見据えたパリ協定やSDGs（持続可能な開発目標）で，世界の関心

図表2-2 第16回「環境ブランド指数」上位100社

順位	企業ブランド名	指数	順位	企業ブランド名	指数	順位	企業ブランド名	指数
1	トヨタ自動車	102.6	35	TOTO	65.9	69	出光興産	61.3
2	サントリー	99.3	36	スターバックスコーヒージャパン	65.5	70	コクヨ	61.1
3	パナソニック	88.9	36	富士フイルム	65.5	71	住友林業	61.0
4	イオン	88.5	38	資生堂	65.2	72	大塚製薬	60.8
5	ホンダ	84.3	38	積水ハウス	65.2	72	グーグル	60.8
6	日産自動車	81.5	40	NEC	64.9	74	カルピス	60.5
7	キリン	78.5	41	モスフードサービス	64.4	75	大和ハウス工業	60.4
8	サッポロビール	74.2	41	ライオン	64.4	75	ニッカウヰスキー	60.4
9	日本コカ・コーラ	74.0	43	日本航空（JAL）	64.3	75	ヤマダ電機	60.4
10	日本たばこ産業（JT）	73.6	44	富士重工業（スバル）	64.2	78	イケア	60.3
11	アサヒ飲料	73.0	45	味の素ゼネラルフーヅ（AGF）	64.0	78	旭化成	60.2
12	セブン・イレブン・ジャパン	72.7	46	スズキ	63.9	80	西日本旅客鉄道（JR西日本）	60.1
13	ヤマト運輸	72.2	47	雪印メグミルク	63.8	81	森永製菓	59.8
14	マツダ	71.8	48	良品計画	63.7	82	キッコーマン	59.7
15	花王	71.3	49	イトーヨーカ堂	63.6	82	KDDI	59.7
16	東芝	70.8	49	富士通	63.6	82	P&G	59.7
17	アサヒビール	70.6	51	リコー	63.5	85	ダスキン	59.5
17	シャープ	70.3	52	ダイハツ工業	63.4	85	ヤフー	59.5
19	日立製作所	69.8	53	味の素	63.3	87	ヤクルト本社	59.4
20	カゴメ	69.7	53	セイコーエプソン（EPSON）	63.3	88	オムロン	59.1
21	コスモ石油	69.1	55	日本マクドナルド	63.1	89	三菱自動車工業	59.0
22	伊藤園	69.0	55	ファーストリテイリング	63.1	89	森永乳業	59.0
22	日清食品	69.0	57	王子製紙	62.7	91	BMW	58.9
22	ハウス食品	69.0	57	全日本空輸（ANA）	62.7	91	明治	58.9
25	JX日鉱日石エネルギー（ENEOS）	68.6	57	ソニー	62.7	93	山崎製パン	58.7
26	キヤノン	68.1	60	佐川急便	62.6	94	ミサワホーム	58.6
27	ブリヂストン	67.5	60	パナホーム	62.6	95	昭和シェル石油	58.5
28	ダイキン工業	67.1	62	富士ゼロックス	62.5	95	日本マイクロソフト	58.5
29	東日本旅客鉄道（JR東日本）	66.9	63	カルビー	62.4	97	東京地下鉄（東京メトロ）	58.2
30	三菱電機	66.6	64	日本ハム	62.3	98	日清オイリオ	58.1
31	東京ガス	66.4	64	ネスレ	62.3	98	三菱東京UFJ銀行	58.1
32	ローソン	66.3	66	ソフトバンク	62.1	100	大塚食品	57.8
33	NTTドコモ	66.2	67	キューピー	61.8			
34	東海旅客鉄道（JR東海）	66.0	68	ファミリーマート	61.4			

出所:『日経エコロジー』［2016.8］48頁。

が地球の未来に向く中で，企業のESG（Environment, Social, Governance
の頭文字を取ったもの）に関心を持つようになったことで，企業全体の環
境経営が注目されている。ESGの情報開示の際に，ブランドのイメージ向
上のためにビジョンや実態がないと見抜かれるであろう。

　㈱東芝は，2015年5月に発覚した会計不祥事にもかかわらず16位と強い
のは，ガバナンスに問題があっても，家電や重電の環境ブランドイメージ
が強いためで，投資家による企業評価とは少し異なっている。日本の企業
は，環境の評価は高いが，ガバナンス，社会の評価はまだ低い方で，今後
の課題はガバナンスの向上にある。また，サプライチェーン上の人権配慮
に多くの努力が求められている。

　環境経営格付けで優位を占めるためには，本業と一体化した環境経営を推
進する体制が重要である。本業と一体化した環境経営を推進しているにも
かかわらず，ランキングが低かった企業は，企業全体の姿勢をうまく見せ
ていないことに問題がある。本業を通じた環境経営の推進のためには，従
業員の意識を高める必要があり，そのためには経営トップのリーダーシッ
プによるコミットメントがなくてはならない。長期視点に立った財務パフ
ォーマンスを裏付ける非財務的な価値を見出した上で，サプライチェーン
全体で環境に配慮していることを伝えられる企業が上位を維持できるであ
ろう。

　環境経営格付けで優位を占めるためには，現在，自社で行っている環境
経営を見直す必要がある。そのためには，第三者による環境経営診断を受
けてみるのも良いであろう。環境経営学会で行っているサステイナブル経
営診断[31]を受けてみることで改善が可能かもしれない。

■ 2.5.3　トヨタ自動車と環境対応車

　トヨタ自動車㈱では，基礎研究開発，先行技術開発，製品開発の連携・融
合を通して，最少の時間で，先進的，高品質の自動車を開発している。同
社は，環境への対応を経営の最重要課題の1つと位置付け，環境対応車の
普及こそ環境への貢献との考えのもと，これまでハイブリッド車の普及に

取り組んできた。

　トヨタ自動車では，1993年に21世紀の車を考える「G21プロジェクト」を発足させ，京都で開催された「気候変動に関する国際連合枠組条約第3回締約国会議（通称COP 3）」の開催期間中の1997年12月10日に，従来の2倍という燃費の世界初の量産ハイブリッド車であるプリウスを発売した。圧倒的な燃費性能は，世界に大きなインパクトを残した。

　このように，日本で最も成功したエコプロダクツはプリウスで，プリウスの功績は，環境で儲けられることを示していることである。プリウスは，環境に良いというブランドイメージを築いており，ハイブリッド車の代名詞になっている。トヨタ自動車が，あらゆるブランドイメージ調査で高い評価を得ているのもプリウスのおかげである。

　トヨタ自動車は，2003年の2代目，2009年5月の3代目に続いて4代目の新型プリウスを，フランスのパリで開催された「気候変動に関する国際連合枠組条約第21回締約国会議（通称COP 21）」の開催期間中の2015年12月9日に発売した。燃費の向上の上に，デザインや走りやすさも改良されており，環境対応車の主役の座を死守する意欲が伝わった。

　また，トヨタ自動車は，ペルーのリマで開催されていた「気候変動に関する国際連合枠組条約第20回締約国会議（通称COP 20）」が終了した翌日の2014年12月15日に，世界に先駆けて一般向けに水素を用いる燃料電池車であるMIRAIを発売した。走行中に排出されるのは水だけで，究極の環境対応車と呼ばれる。電気自動車（EV: Electric Vehicle ）も排ガスを出さないが，燃料電池車の方が1回の燃料補給による航続距離が長く，3分という燃料補給の時間が短いという利点がある。環境対応車の競争では，確かにトヨタがリードしているといえる。

　自動車の燃費値は，気象条件や渋滞などの使用環境や急発進，エアコン使用などの運転方法に応じて異なるために，車種間での燃費値の比較のためには一定の測定方法が必要である。そのため，国土交通省では，1991年に燃費測定方法として10・15モードを定めたが，より実際の走行に近づけるため，2011年4月よりJC08モードを導入した。一般的にJC08モード燃費の方が，10・15モード燃費より概ね1割ほど低くなる傾向がある。

　自動車の燃費にかかわる試験法は各国・地域ごとに異なっており，自動車メーカーは各国・地域ごとに異なる試験法による燃費試験が求められてきた。2014年3月に国際連合においてWLTP（Worldwide harmonized Light vehicles Test Procedure，乗用車等の国際調和排出ガス・燃費試験法）が，世界統一技術規則として成立した。これを受けて，日本でも国土交通省や経済産業省，環境省などが検討を始め，2018年からWLTPに基づいた試験法を導入することになった。試験法が統一されれば，自動車メーカーは国・地域ごとに異なる試験法に対応する必要がなくなり，消費者は世界の車の性能を比較しやすくなる。

　WLTP燃費値はJC08燃費値と比較して，同水準より低い値となる傾向が確認された。JC08モードに比べ，エンジンに負荷が多くなる傾向があり，アイドリングストップ時間もJC08モードに比べると比較的短くなる。そこで，現行のハイブリッド車とアイドリングストップ搭載車は，WLTPで燃費が悪化する可能性がある。いずれも燃費性能を売りにしているため，影響が大きくなるであろう。規制や基準のグローバル化は，メーカーや製品の競争力に大きな影響を与える。このような状況に対して，環境対応車のブランドを確立しているトヨタ自動車の対応が迫られている。

　三菱自動車㈱は，2016年4月20日に軽自動車4車種で，実際よりも燃費をよく見せる不正を意図的に行っていたと発表したが，その後の調査ではほぼ全車種で行われていたことがわかった。WLTPが導入されると，三菱自動車にかかわらず，一度燃費不正が明らかになれば，その問題は全世界に及び，ブランドを傷つけるだけではなく，リコールや賠償の規模が大きくなるのは必至で，いずれ燃費不正問題も収束していくであろう。

　トヨタ自動車は，ハイブリッド車累計販売台数が，2007年5月に100万台に到達して以来，2016年4月末に900万台を突破したと発表した。世界最大の自動車市場となった中国では，電気自動車とプラグイン・ハイブリッド車（PHV: Plug-in Hybrid Vehicle）[33]の普及を後押ししており，補助金で支援している。アメリカでは，カリフォルニア州当局が2011年に電気自動車とプラグイン・ハイブリッド車の普及のために，高速道路の優先レーン（中央分離帯に近い1車線がカープールレーン）を走行できる環境対応

車からハイブリッド車を除外した。また，2015年にフランスのパリで開催された「気候変動に関する国際連合枠組条約第21回締約国会議（通称COP21）」で，化石燃料の削減を強調していることからも，ハイブリッド車は主流ではなくなりつつある。環境対応車の代名詞となったトヨタ自動車のハイブリッド車であるプリウスが，今まで環境対応車全体を牽引してきたのは事実であるが，これからは非常に難しい立場に立たされるであろう。

　トヨタ自動車は，2012年1月にプラグイン・ハイブリッド車であるプリウスPHVを発売して以来，これを改良して2016年6月に新型のプリウスPHVを公表した。充電した電気だけで従来の26.4kmから60km以上走れるようにし，急速充電システムにも対応しており，伸び悩んでいるプラグイン・ハイブリッド車の普及に弾みをつけようとしている。同社は，燃料電池車に力を入れており，燃料電池車こそ環境対応車であるといいながら，世界の潮流に合わせてプラグイン・ハイブリッド車も視野に入れた戦略をとっているが，先が見えていない。

　トヨタ自動車では，ハイブリッド・システムを21世紀の環境技術のキーテクノロジーと位置付け，燃料電池自動車などに応用する方針を打ち出している。同社が，ハイブリッド車の技術を，他の環境対応車にどのように応用していくのか注目されている。電気自動車が世界の主流になりつつある中で，今後，二酸化炭素排出量削減による地球環境への負担低減にもつながる水素社会は遠くなく，同社の燃料電池車がどのような展開を見せてくれるのか楽しみである。

▌ 2.6 まとめ

　持続可能な社会を目指し，長期的視野に基づく社会的責任経営を実践するのがCSR経営であり，そこでは経済や環境，社会の両立が求められており，企業は本業において社会的課題を解決しなければならない。経営のあり方に変革を伴うこのような局面では，経営トップの強いリーダーシッ

プによるコミットメントが必要である。環境を切り口にした経営の強化が，企業価値向上の新たな道筋になるのである。

　ハーバード大学のマイケルE. ポーター（Michael E. Porter）教授は，『サイエンティフィック・アメリカン（*Scientific American*)』誌の「アメリカのグリーン戦略（America's Green Strategy)」という記事の中で，厳しい環境規制は技術革新と技術向上を引き起こし，その結果，環境汚染の減少だけでなく，コストの削減にもつながり，企業は競争優位に立つことができるとした。このために，環境問題における競争を優位にするためには，規制を正しく確立するよう要求しなければならず，単なる制限ではなく，投資と革新を刺激しなければならないと言及している[34]。近年，企業がエコノミーとエコロジーの調和を目指して努力していることから考えて，筆者はこのポーターの考え方は間違ってないと考えている。企業が，持続可能な成長のために，社会的責任を果たす上で，規制によらず，自らイノベーションを起こして競争優位を確立すべきである。

〈注〉

1)　環境と開発に関する世界委員会［1987］訳書。

2)　シュミットハイニー・BCSD［1992］訳書。

3)　関西電力［2016］『関西電力グループレポート2016』38頁。

4)　持続可能な開発目標とは，目標1. 貧困の撲滅，目標2. 飢餓撲滅，食料安定保障，目標3. 健康，福祉，目標4. 質の高い教育，目標5. ジェンダー平等，目標6. 水・衛生の持続可能な管理，目標7. 持続可能なエネルギーへのアクセス，目標8. 包摂的で持続可能な経済成長，雇用，目標9. 強靭なインフラ，産業化・イノベーション，目標10. 国内と国家間の不平等の是正，目標11. 持続可能な都市，目標12. 持続可能な消費と生産，目標13. 気候変動への対処，目標14. 海洋と海洋資源の保全・持続可能な利用，目標15. 陸域生態系，森林管理，砂漠化への対処，生物多様性，目標16. 平和で包摂的な社会の促進，目標17. 実施手段の強化と持続可能な開発のためのグローバル・パートナーシップの活性化。

5)　GRI, the UN Global Compact and the World Business Council for Sustainable Development ［2015］*SDG Compass: The guide for business action on the SDGs.*〈http://sdgcompass. org/wp-content/uploads/2015/12/019104_SDG_Compass_Guide_2015.pdf〉（2015年9月26日）。

6)　機関株主委員会（ISC : Institutional Shareholders' Committee，2011年より機関投資家委員会（IIC : Institutional Investor Committee))は，1991年にイギリスにおける機関株主の責任に関するステートメントを公表し，2002年には「機関株主及び代理人の責任：原則ステートメント」を公表。2009年のウォーカー報告書において機関投資家のためのコードを策定すべきとの勧告が出され，機関株主委員会は2009年に機関投資家の責任コードを

策定し，財務報告評議会（FRC : Financial Reporting Council）は機関投資家の責任コードを準拠する形で，2010年にスチュワードシップ・コードを策定し，2012年と2014年に改訂。

7）金融庁［2016］「責任ある機関投資家の諸原則日本版スチュワードシップ・コード～投資と対話を通じて企業の持続的成長を促すために～の受入れを表明した機関投資家のリストの公表について（平成28年7月8日更新）」http://www.fsa.go.jp/news/27/sonota/20160315-1/list_01.pdf（2016年7月8日）。2016年7月8日現在，日本版スチュワードシップ・コードの受け入れを表明したのは，信託銀行など7，投信・投資顧問会社など148，生命保険会社18，損害保険会社4，年金基金など26，その他（議決権行使助言会社他）7と，合計210団体。

8）伊藤邦雄［2014］「持続的成長への競争力とインセンティブ: 企業と投資家の望ましい関係構築プロジェクト［最終報告書］」http://www.meti.go.jp/press/014/08/20140806002/20140806002-2.pdf（2014年8月6日）。

9）OECDコーポレートガバナンス原則は，1999年6月に発表。これは，各国の政策決定者に対して，株主権，役員報酬，金融情報の開示，機関投資家の行動，株式市場の機能の仕方に関する提言を行うもの。エンロン社などの企業不祥事の続発を受け，2004年4月に改訂。ストック・オプションなど株式を用いた役員報酬の株主による承認，機関投資家の議決権行使方針の開示，内部告発者の保護，株主相互間の情報交換，クロスボーダーの議決権行使に対する障壁の除去などが新たに盛り込まれた。2008年の世界的な金融危機や金融情報インフラの進展などを背景に，2015年9月に再び改訂。国際的な株主権行使の障害への対応が求められたほか，関連者取引の公正確保の厳格化などにも言及。

10）イギリスの場合，1980年代に会社不祥事が社会問題化した背景から，キャドバリー委員会を設置して，1992年にコーポレートガバナンスの財務的側面に関する委員会報告書（通称キャドバリー報告書）を公表したのが，コーポレートガバナンスの基礎になっている。キャドバリー委員会とその後のグリーンブリー委員会，ハンベル委員会の各報告書を統合して，1998年に統合規範を公表しており，2000年と2008年に改訂。世界金融危機を契機に，財務報告評議会は統合規範をもとに2010年にコーポレートガバナンス・コードを策定し，2012年，2014年に改訂。

11）鈴木編著［1999］72頁，鈴木編著［2002］231頁，鈴木・所編著［2008］17頁。

12）金原・金子［2005］3頁，金原・金子・藤井・川原［2011］19頁，金原・羅・正岡［2013］16頁，金原・村上［2015］11頁。

13）環境経営学会［2009］10頁；［2014］3頁。

14）三菱電機［2014］「三菱電機グループ環境方針」http://mitsubishielectric.co.jp/corporate/environment/policy/group/index.html（2015年12月1日）。

15）富士フイルム［2010］「富士フイルムグループグリーン・ポリシー」http://www.fujifilm.co.jp/corporate/environment/preservation/greenpolicy/index.html（2015年12月1日）。

16）サントリー［2015］「サントリーグループ環境基本方針」http://www.suntory.co.jp/company/csr/activity/environment/management/vision/ /（2015年12月1日）。

17）環境省［2016］「環境にやさしい企業行動調査結果: 平成26年度における取り組みに関する調査結果（詳細版）」http://www.env.go.jp/policy/j-hiroba/kigyo/h26/full.pdf（2016年5月1日）11頁。調査は東京，大阪，名古屋の各証券取引所1部，2部上場企業818社，従業員500人以上の非上場企業及び事業所2,182社，合計3,000社を対象とし，各社の2013年度における取り組みについて2015年12月4日－2015年12月30日にかけてアンケート

調査を実施。有効回答数は上場企業425社（回収率52.0％），非上場企業975社（回収率44.7％），合計1,400社（回収率46.7％）。

18) Elkington［1994］pp.90-100.

19) 公害関係14法の制定・改正内容は，公害の防止に対する国の基本的な姿勢の明確化，公害の範囲の明文化，規制の強化，自然環境保護の強化，事業者責任の明確化，地方公共団体の権限の強化。公害犯罪処罰法，公害防止事業費事業者負担法，海洋汚染防止法，水質汚濁防止法，農用地土壌汚染防止法，廃棄物処理法が制定。下水道法，公害対策基本法，自然公園法，騒音規制法，大気汚染防止法，道路交通法，毒物及び劇物取締法，農薬取締法が改正。

20) 外部不経済とは，経済活動に伴い市場取引によらず直接に関係を有していない第三者が不利益・損害を受けること。たとえば，環境汚染が代表的なもの。

21) アメリカ合衆国環境保護局（EPA: United States Environmental Protection Agency）は，2015年9月18日にフォルクスワーゲン社がディーゼルエンジン搭載車の排ガス規制に関する試験をクリアするために違法ソフトウェアを使用したと発表。非営利団体であるクリーン交通の国際協議会（ICCT: The International Council on Clean Transportation）の依頼を受けて，ウエストバージニア大学がフォルクスワーゲンの実走行における排ガス性能を調査した結果，NOxの排出量が規制値を大幅に上回っていたことが判明。これについて，クリーン交通の国際協議会が，アメリカのカリフォルニア大気資源局（CARB: California Air Resources Board）とアメリカ合衆国環境保護局に通報。

22) ボーエン［1960］訳書。

23) （一社）日本経済団体連合会は，1986年，1989年の2回にわたって欧米に社会貢献調査ミッションを派遣し，アメリカに1％クラブや3％クラブなど，いわゆるパーセントクラブがあることを学び，日本に1％クラブを設立して，社会のニーズに合った社会貢献活動を推進。

24) 日本経済団体連合会1％クラブ［2015］「2014年度社会貢献活動実績調査結果」https://www.keidanren.or.jp/policy/2015/089_honbun.pdf（2015年10月20日）7頁。1991年から会員企業を対象に社会貢献活動実績を調査。2014年度調査内容は社会貢献活動支出調査，社会貢献活動に関する制度・意識調査，社会貢献活動特別調査（震災復興の取り組みに関する調査）。調査時期は2015年5月－8月。調査対象は経団連会員企業及び1％クラブ法人会員など（1,352社）。回答企業数は支出調査357社・グループ（回答率26.4％，連結対象企業を含めると約12,500社の実績を反映），制度・意識調査378社（回答率28.0％），特別調査（実施状況）378社（回答率28.0％），特別調査（事例）241社（回答率17.8％）。

25) ハイブリッド車は，エンジンと電気モーターの2つの動力源を持つ自動車。内燃車に対して部品点数が多くなるため，製造・廃棄にかかるコストが高い。走行中の有害物質の排出量は軽減されるが，部品の製造と廃棄に伴う有害物質の排出量が多いために，環境負荷も高くなる。

26) 燃料電池自動車は，水素と酸素を化学反応させて電気を作る燃料電池を搭載し，モーターで走行する自動車。ガソリンに代わる燃料である水素は，環境にやさしく，さまざまな原料から作ることが可能。トヨタ自動車㈱は，プリウスよりも早く，1992年に開発を開始。

27) EICC［2012］，環境経営学会中小・中堅企業のサステイナビリティ診断ツール開発研究委員会［2014］；［2015］，電子情報技術産業協会資材委員会［2006 a; b］。この他に，日本自動車部品工業会［2010 a; b］によるCSRチェックシートもある。

28) ポーター＆クラマー［2003. 3］；［2008. 1］；［2011. 5］。

29) ネスレ［2016］「ネスレにおける共通価値の創造」http://www.nestle.co.jp/csv/whatiscsv

（2016年1月1日）。

30） 環境省［2016］「環境にやさしい企業行動調査結果:平成26年度における取り組みに関する調査結果（詳細版）」https://www.env.go.jp/policy/j-hiroba/kigyo/h26/00.pdf（2016年5月1日）6頁。

31） 環境経営学会［2015］。

32） トヨタ自動車［2016］「トヨタ自動車, ハイブリッド車のグローバル累計販売台数が900万台を突破:約90以上の国・地域でハイブリッド乗用車33モデル, プラグイン・ハイブリッド車1モデルを販売」http://newsroom.toyota.co.jp/en/detail/12076156（2016年5月20日）。

33） プラグイン・ハイブリッド車は, 外部充電不要のハイブリッド車と外部充電する電気自動車を融合し進化させた車で, ガソリンと電気をエネルギーとする。近距離は電気のみを使って走行, 充電が切れれば, ハイブリッド車として走行。電気自動車の場合, 充電するスタンドが少なく, まだ充電に時間がかかり, 現時点では普及が難しいため, 単なる電気自動車でないプラグイン・ハイブリッド車が注目されている。

34） Porter［1991. 4］p.96.

〈参考文献〉

EICC［2012］『EICC行動規範v4.0』EICC。

Elkington, J.［1994］Towards the Sustainable Corporation: Win-Win-Win Business Strategies for Sustainable Development, *California Management Review*, 36(2), 90-100.

Porter, M. E.［1991. 4］America's Green Strategy, *Scientific American,* 264(4), 96.

金原達夫・金子慎治［2005］『環境経営の分析』白桃書房。

金原達夫・金子慎治・藤井秀道・川原博満［2011］『環境経営の日米比較』中央経済社。

金原辰夫・村上一真［2015］『環境経営のグローバル展開:海外事業及びサプライチェーンへの移転・普及メカニズム』白桃書房。

金原達夫・羅星仁・正岡孝宏［2013］『地域中核企業の環境経営:移転・普及のメカニズム』中央経済社。

環境経営学会［2009］『サステイナブル経営診断2009 経営評価の手引き』環境経営学会。

環境経営学会［2014］『ISO 26000中核主題準拠サステイナブル経営診断2013経営評価の手引き』環境経営学会。

環境経営学会［2015］『ISO 26000中核主題準拠サステイナブル経営診断2016経営評価の手引き』環境経営学会。

環境経営学会中小・中堅企業のサステイナビリティ診断ツール開発研究委員会［2014］『環境経営学会サプライチェーン・サステイナビリティ診断ツール　認識編Ver.2』環境経営学会中小・中堅企業のサステイナビリティ診断ツール開発研究委員会。

環境経営学会中小・中堅企業のサステイナビリティ診断ツール開発研究委員会［2015］『環境経営学会サプライチェーン・サステイナビリティ診断ツール　実践編Ver.1』環境経営学会中小・中堅企業のサステイナビリティ診断ツール開発研究委員会。

環境と開発に関する世界委員会,（大来佐武郎監修）［1987］『地球の未来を守るために』福武書店。

シュミットハイニー, S., BCSD（BCSD日本ワーキング・グループ訳）［1992］『チェンジング・コース:持続可能な開発への挑戦』ダイヤモンド社。

鈴木幸穀編著［1999］『環境経営学の確立に向けて』税務経理協会。

鈴木幸穀編著［2002］『循環型社会の企業経営（改訂版）』税務経理協会。

鈴木幸穀・所伸之編著［2008］『環境経営学の扉：社会科学からのアプローチ』文眞堂。

電子情報技術産業協会資材委員会［2006 a］『サプライチェーン CSR 推進ガイドブック：CSR 項目の解説』電子情報技術産業協会。

電子情報技術産業協会資材委員会［2006 b］『サプライチェーン CSR 推進ガイドブック：チェックシート』電子情報技術産業協会。

日経エコロジー［2016. 8］「環境ブランド調査2016：トヨタが7年ぶり首位奪還未来への姿勢が訴える」『日経エコロジー』（日経 BP 社）206, 40-53。

日本自動車部品工業会［2010 a］『CSR ガイドブック』日本自動車部品工業会。

日本自動車部品工業会［2010 b］『CSR チェックシート』日本自動車部品工業会。

ボーエン，H. R.（日本経済新聞社訳）［1960］『経済生活倫理叢書 ビジネスマンの社会的責任』日本経済新聞社。

ポーター，M. E., クラマー，M. R.（沢崎冬日訳）［2003. 3］「社会貢献コストは戦略的投資である　競争優位のフィランソロピー」『DIAMOND ハーバード・ビジネス・レビュー』（ダイヤモンド社）28(3), 24-43。

ポーター，M. E., クラマー，M. R.（村井裕訳）［2008. 1］「受動的では価値を創出できない　競争優位の CSR 戦略」『DIAMOND ハーバード・ビジネス・レビュー』（ダイヤモンド社）33(1), 36-52。

ポーター，M. E., クラマー，M. R.（編集部訳）［2011. 5］「経済的価値と社会的価値を同時実現する　共通価値の戦略」『DIAMOND ハーバード・ビジネス・レビュー』（ダイヤモンド社）36(6), 8-31。

第**3**章 日本企業の資源利用関連取り組み

■ **3.1** 日本の廃棄物処理

■ **3.1.1** 日本の廃棄物分離

　日本では，1960年代に経済の高度成長に伴って，さまざまな技術革新の中で経済成長を遂げてきたが，技術革新に伴いさまざまな製品が生産され消費されるようになったことで，ごみ問題が顕在化してきた。そこで，廃棄物全体の処理責任や処理基準を明確化し，廃棄物処理の基本体制を整備するために，1970年12月25日に「廃棄物の処理及び清掃に関する法律（通称廃棄物処理法）」が公布されたが，それ以来，時代によって変化してきた廃棄物に合わせて，この法律は頻繁に改正が行われた（最終改正2015年7月17日）。

　廃棄物問題の解決のため，大量生産・大量消費・大量廃棄という経済社会から脱却し，生産から流通，消費，廃棄に至るまで，物質の効率的な利用やリサイクルを進めることにより，資源の消費を抑制する必要があるとされている。このように，環境への負荷が少ない循環型社会の形成が急務となってきたため，2000年6月2日に「循環型社会形成推進基本法」が公布され（最終改正2012年6月27日），資源の消費を抑制し，環境への負荷

をできる限り低減させるための取り組みが行われている。

　日本の国土が狭く，地域住民の反対で新しい廃棄物の最終処分場を建設することも難しいために，廃棄物の処分が困難とされ，リサイクルに重点を置いて，3R（リデュース，リユース，リサイクル）への取り組みに力が注がれてきた。日本は，少子高齢化とそれに伴う人口減少や経済構造の変化と，リサイクルの推進などにより，今後は廃棄物発生量が減少の方向に推移するであろうと見られている。

　廃棄物とは，他人に有償で売却することができないために不要になった物をいい，ほとんどの廃棄物は「廃棄物の処理及び清掃に関する法律」により管理されている。この法律では，廃棄物をごみ，粗大ごみ，燃え殻，汚泥，ふん尿，廃油，廃酸，廃アルカリ，動物の死体，その他の汚物または不要物とし，固形状または液状のものと定めている。また，この法律によって，廃棄物は図表3-1のように，事業者に処理責任がある産業廃棄物と，市町村に処理責任がある一般廃棄物に分類されている。

　「廃棄物の処理及び清掃に関する法律」で規定された20種類の産業廃棄物には，あらゆる事業活動に伴うものとして，燃え殻，汚泥，廃油，廃酸，廃アルカリ，廃プラスチック類，ゴムくず，金属くず，ガラス・コンクリー

図表3-1　環境省通知による廃棄物の分類

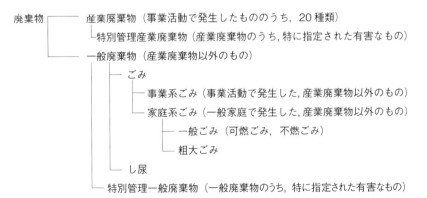

出所：筆者作成。

ト・陶磁器くず，鉱滓，がれき類，ばいじんがある。また，特定の事業活動に伴うものとして，紙くず，木くず，繊維くず，動植物系固形不要物，動植物性残渣，動物のふん尿，動物の死体がある。この他に，コンクリート固形化物など，燃え殻から動物の死体という上記の19種類に該当しない，あらゆる事業活動と特定事業活動に伴うものがある。

　産業廃棄物のうち，特別管理産業廃棄物は，爆発性，毒性，感染症，その他人の健康または生活環境にかかわる被害を生ずる恐れがある性状を有するもので，廃油，廃酸，廃アルカリ，感染症廃棄物，特定有害産業廃棄物（廃ポリ塩化ビフェニルなど，廃ポリ塩化ビフェニル汚染物，廃ポリ塩化ビフェニル処理物，廃石綿など，廃油（廃溶剤），その他）がある。この他，指定有害廃棄物については，人の健康または生活環境にかかわる重大な被害を生ずる恐れがある性状を有する廃棄物として，硫酸ピッチ（廃硫酸と廃炭化水素油との混合物で著しい腐食性を有するもの）がある。

　産業廃棄物のうち，特定の事業活動によって発生する廃棄物の場合，同じ廃棄物であっても排出源が異なると，産業廃棄物の取り扱いとなったり，一般廃棄物の取り扱いとなったりする。たとえば，紙くずは，パルプ製造業，紙製造業，紙加工品製造業，新聞業などでは産業廃棄物となるが，サービス業，運送業など紙の製造などに関係のない業種では一般廃棄物となる。

　「廃棄物の処理及び清掃に関する法律」の対象から除外されるものには，放射性物質及びこれによって汚染されたもの，港湾，河川などの浚渫に伴って生じる土砂，その他これに類するもの，漁業活動に伴って漁網にかかった水産動植物などであって，当該漁業活動を行った現場付近から排出したもの，土砂及びもっぱら土地造成の目的となる土砂に準ずるものがある。

　産業廃棄物は，排出事業者が自らまたは産業廃棄物処理業者に委託して処理するようになっている。産業廃棄物を排出するときは，その性状や成分を産業廃棄物処理業者に正しく伝えなければならない。産業廃棄物の処理施設を設置する場合には，設置場所を管轄する行政長の許可が必要である。一般廃棄物におけるごみの分別方法や処理方法は，全国一律ではなく，市町村ごとに決められているので，市町村の定めるルールに従って排出す

ることになる。

　一般廃棄物のうち，事業系ごみとは，事務所，店舗，飲食店，工場など営利を目的とするものばかりではなく，病院，学校，社会福祉施設などの公共サービスなどを行っている事業も含み，産業廃棄物以外の廃棄物である。事業系ごみは，排出事業者が自らの責任で適正に処理することが義務付けられている。市町村によっては，許可を受けた事業者から処理費用をもらって，家庭からの生活系処理施設で事業系ごみを処理しており，処理施設まで事業者自ら運搬するか，一般廃棄物収集運搬業者に委託して運搬している。

　環境省による環境にやさしいライフスタイル実態調査で，関心のある環境問題の変化を見ると，一番関心が高かった項目は，1997年の廃棄物やリサイクルから，2001年には地球温暖化へと移ってきている。また，近年の環境の状況について聞いたところ，地域レベルにおいて「不法投棄など廃棄物の不適正処理対策が成果を上げているから」が最も多く，35.0％であった。これは，政府が，生活環境の保全及び資源の有効利用の観点から，廃棄物などの発生抑制，循環資源のリユース・リサイクル及び適正処分の推進に取り組んできた結果であると見たい。

■ 3.1.2　日本の最終処分場は減少傾向

　日本は，廃棄物処理において，着実な成果を上げている。リサイクルの強化によって，最終処分量は減少しているが，新たな最終処分場の確保が困難になっている。

　廃棄物の処理及び清掃に関する法律施行令の一部を改正する政令（1997年政令第269号）及び廃棄物の処理及び清掃に関する法律施行規則の一部を改正する省令（1997年厚生省令第65号）は，1997年8月29日に公布され，同年12月1日に施行され，新たに設置される最終処分場については，埋立面積にかかわらずすべて許可または届出の対象となり，構造基準及び維持管理基準が適用されるようになった。

　廃棄物の最終処分場は，環境保全の観点から廃棄物を安全に埋立処分で

図表3-2　廃棄物最終処分場の3つのタイプ

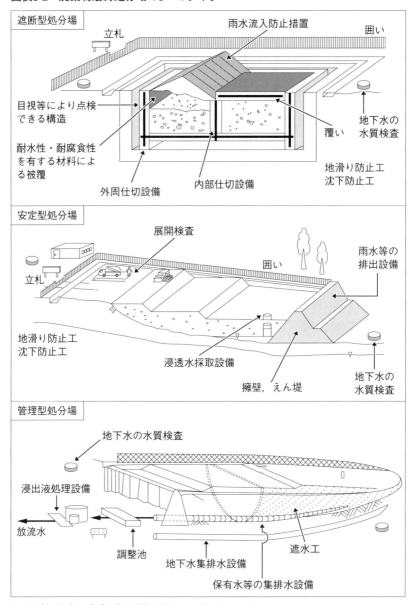

出所: 愛知県［2016］「産業廃棄物を適正に処理しましょう」
http://kankyojoho.pref.aichi.jp/DownLoad/DownLoad/h28.4sanpaimanyual.pdf（2016年5月1日）11頁。

きる構造物になっている。図表3-2のように，廃棄物の最終処分場は，「廃棄物の処理及び清掃に関する法律」によって3つに分類されている。第1の「遮断型処分場」には，有害な燃え殻，ばいじん，汚泥，鉱滓^{こうさい}などで，有害な産業廃棄物及び有害な特別管理産業廃棄物を埋め立てている。この最終処分場には，廃棄物中の有害物質を自然から隔離するために，処分場内への雨水流入防止を目的として，覆い（屋根など）や雨水排除施設が設けられている。ここの廃棄物が無害化することはないため，永久に遮断を保つよう管理されている。

　第2の「安定型処分場」には，有害物質や有機物などが付着しておらず，雨水などにさらされてもほとんど変化しない廃プラスチック類，ゴムくず，金属くず，ガラスくず・コンクリートくず・陶磁器くず，がれき類及びこれらに準ずるものとして環境大臣が指定した品目が埋め立てられている。安定型廃棄物は，有害物質を含まず分解しない産業廃棄物であり，メタンなどのガスや汚水が発生せずに周辺環境を汚染しないとして，処分場の内部と外部を遮断する遮水工や浸透水の集排水設備と，その処理設備の設置は義務付けられていない。

　第3の「管理型処分場」には，遮断型処分場でしか処分できない産業廃棄物以外のものが埋め立てられており，廃油（タールピッチ類に限る），紙くず，木くず，繊維くず，動植物性残渣，動物のふん尿，動物の死体及び燃え殻，ばいじん，汚泥，鉱滓^{ぎんさ}など及びその廃棄物を処分するために処理したものが埋め立てられている。埋め立て廃棄物中の有機物などの分解や金属などの溶出に伴い，汚濁物質を含む保有水などやガスが発生するので，最終処分場内部と外部を貯留構造物や二重構造の遮水工によって遮断して，保有水などによる地下水汚染を防止するとともに，発生した保有水などを集排水管で集水し，浸出液処理設備で処理後に放流している。また，発生したガスは，ガス抜き設備によって埋立廃棄物層から排出している。

　「遮断型処分場」は跡地利用が行われず，将来無害化技術が開発されるまで一時保管され，将来の新技術に最終処分を託しているが，「安定型処分場」は処分場廃止後まもなく，「管理型処分場」は10年程度で跡地利用が開始または検討される。

日本では，廃棄物の最終処分場を新しく建設することが困難であることから，その延命が一番重要視されている。環境省の発表によると，2014年4月1日現在の産業廃棄物の最終処分場の残存容量は17,181万㎥（対前年1,090万㎥減）で，残余年数は14.7年（対前年0.8年増）であったが，このうち首都圏5.2年，近畿圏17.3年であった[2]。また，同省の発表によると，2014年度末現在の一般廃棄物の最終処分場の残余容量は1億582万㎥（前年度1億741万㎥）で，残余年数は20.1年（前年度19.3年）であったが，このうち首都圏21.8年，近畿圏19.0年であった[3]。最終処分場の残余容量，残余年数とも大きく変わりはない。最終処分場の数は概ね減少傾向で，最終処分場の確保は引き続き厳しい状況である。

　日本では，2000年5月に成立した「循環型社会形成推進基本法」によって，廃棄物などのうち有用なものを循環資源と位置付け，その循環的な利用を促しており，処理の優先順位が初めて法定化され，まずリデュース（Reduce：削減）を，次にリユース（Reuse：再使用）を，その次にリサイクル（Recycle：再資源化）を行い，それができない場合には熱回収をして，それから適正処分をして，これをもって天然資源の消費抑制，環境負荷の低減をしていくことと決められた。

　日本は，廃棄物管理から3Rによる資源循環のための取り組みにおいて先進的な地位にいる。日本の廃棄物政策によって，ごみを減らすことに成功し，リサイクルが進んだことで最終処分量が減ってきて，最終処分場の逼迫に対する問題が大きくならずにすんでいる。これからは，資源の消費を抑制するために，何度も繰り返し使えるようにしないといけない。また，現在，3Rができないものは最終処分場へ持ち込まれているので，埋め立てられたものが土に戻れるようにしないといけない。その上，最終処分場のきちんとした維持管理や住民とのコミュニケーションに努め，社会で受け入れられる最終処分場を作り上げ，地域と共生を目指すべきである。

■ 3.1.3　電気電子機器廃棄物の国境を越えた移動

　1990年代以降，電気電子機器は人々の生活に変革をもたらしてきたが，

技術革新がますます進歩するとともに，その寿命は全体的に短くなっていることで，電気電子機器廃棄物（E-waste）が急増している。世界各地で廃棄された電気電子機器廃棄物は，途上国に輸出されリサイクルされる中で，不適切な方法で資源が回収された後，不法投棄され，現地で健康及び環境への悪影響を及ぼしている。

　有害な廃棄物の国境を越える移動は，1970年代から欧米諸国を中心にしばしば行われてきており，1980年代に入りヨーロッパからの廃棄物がアフリカに投棄され環境汚染が生じるなどの問題が発生した。事前の話し合いもなく，有害廃棄物の国境を越えた移動が行われており，最終的な責任の所在も不明確であるという問題が顕在化した。これを受けて，国連環境計画（UNEP: United Nations Environment Programme）主導で，1989年3月にスイスのバーゼルにおいて，一定の有害廃棄物の国境を越える移動などの規制について，国際的な枠組み及び手続きなどを規定した「有害廃棄物の国境を越える移動及びその処分の規制に関するバーゼル条約（通称バーゼル条約（Basel Convention））」が採択され，1992年5月に発効した。この条約は，有害廃棄物などを輸出する際の輸入国・通過国への事前通告及び同意取得の義務付け，非締約国との有害廃棄物の輸出入の禁止，不法取引が行われた場合などの輸出者による再輸入義務，規制対象となる廃棄物の移動に対する移動書類の携帯義務などを規定している。

　日本は，1993年9月に「有害廃棄物の国境を越える移動及びその処分の規制に関するバーゼル条約」に加入しており，その履行のために国内法として「特定有害廃棄物等の輸出入等の規制に関する法律（通称バーゼル法）」が1992年12月に制定され，1993年12月に施行された。この法は，処分またはリサイクルを目的とした有害廃棄物の輸出入を行う場合の「外国為替及び外国貿易法（通称外為法）」に基づく経済産業大臣の輸出入の承認取得の義務付け，これらの承認に際しての環境大臣の確認手続き，移動書類の携帯の義務付け，不適正処理が行われた場合の回収・適正処分を命ずる措置命令などを規定している。

　スクラップに近い電気電子機器がリユース品と偽られて輸出され，部品や金属を抜き取った後に不法投棄され，現地の環境を汚染する例がある。リ

ユース目的の製品の輸出は，「特定有害廃棄物等の輸出入等の規制に関する法律」によると，有害廃棄物の輸出を規制する輸出承認，輸出相手国への通知などが不要であるためである。そこで，日本政府は95品目を対象とした「使用済み電気・電子機器の輸出時における中古品の判断基準」の運用を2014年4月に開始した。これで，廃棄物の途上国への移動が少し減ってくることが期待される。

また，2004年6月8日－10日のアメリカのジョージア州シーアイランドで開催された「主要国首脳会議（通称シーアイランドサミット）」において，当時の小泉純一郎首相（在任期間2001年4月26日―2006年9月26日）によって，「3Rイニシアティブ」が提案された。資源の有効利用によって経済との両立を図る3Rの取り組みは今後益々重要になるとして，3Rによって循環型社会の構築を目指している。この3Rイニシアティブは，2005年4月28日－30日に東京で開催された3Rイニシアティブ閣僚会合で正式に立ち上げられた。

これは，経済的に実行可能な限り，3Rの推進，既存の環境及び貿易上の義務及び枠組みと整合性のとれた形で，再生利用・再生産のための物品及び原料，再生利用・再生産された製品並びに，よりクリーンで効率的な技術の国際的な流通に対する障壁を低減し，自発的な活動及び市場における活動を含め，さまざまな関係者の間の協力を奨励し，3Rに適した科学技術を推進し，能力構築，啓発，人材育成及び再生利用事業の実施などの分野で途上国と協力するといった内容になっている。製品，原料の再生利用のために国際流通を可能にしたもので，貿易障壁を低減したいという狙いが隠れている。

しかし，先進国の廃棄物処理を途上国に押し付けることで，自国の廃棄物問題の軽減を図り，途上国の人々の健康と環境を脅かすという指摘もなされている。また，先進国の廃棄物処理，リサイクル産業の育成に問題が生ずる恐れもある。ということは，国際資源循環という経済的要求を優先させたと見ることができる。

2015年4月の国連大学の調査報告書によると，2014年に世界で廃棄された電気電子機器はおよそ4,180万トンで，政府によって回収されたのはお

よそ650万トンであったと公表された。国別の廃棄量で見ると，アメリカ707万トン，中国603万トン，日本220万トンと，世界３位の量の電気電子機器が日本で廃棄されていた。[4] 日本の電気電子廃棄物が，世界に与える影響について考えてみる必要が出てきている。資源がない日本は，国内で資源を循環させる仕組みを構築しないといけない。

　有害廃棄物の定義は，輸出国と輸入国の間で矛盾が生じているので，矛盾を解決するための情報提供や多国間ネットワークなどの枠組みが必要である。廃棄物が中古品として偽られて輸出されている問題については，国家規制の強化と国際協力体制の改善によって変えることができる。まず日本国内における再生可能資源の品質管理システムを整える必要がある。

3.2　3Rへの取り組み

3.2.1　第１にリデュース

　3Rとは，リデュース，リユース，リサイクルのことである。つまり，原材料の使用量や廃棄物の排出量を削減し，容器や機能部品を再使用し，さらに原料に戻して再生利用することである。2000年５月に成立した「循環型社会形成推進基本法」によって3Rが推進されてきたが，2006年６月に成立した「改正容器包装に係る分別収集及び再商品化の促進等に関する法律（通称改正容器包装リサイクル法）」でも，効果的・効率的な3Rを一層促進していくことが再認識された。持続可能な循環型社会への転換の必要性が認識されるに伴い，事後的対処の考え方だけではなく，予防的な立場から廃棄物の削減や再資源化が具体的な課題として取り組まれるようになって，廃棄物の最終処分場の延命のために一般的な3Rへの取り組みのうち，取り組みやすいことから特にリサイクルを強めている。このように，日本企業による環境経営への取り組みは，3Rから始まったといえる。

　リデュースとは，資源消費や廃棄物となるものをできるだけ減らすことである。たとえば，PETボトルの軽量化が有名である。資源の利用効率を

図表3-3　日本コカ・コーラのい・ろ・は・す

出所：日本コカ・コーラ［2016］「環境にやさしいボトル」http://www.i-lohas.jp/bottle/
（2016年5月1日）。

高めることができれば，新規投入資源を減らすことにつながる。企業では，製品の容器の軽量化や梱包材料を減らすなどの努力をして，生産に投入する資源を削減して，環境負荷を低減し，同時に企業の資源コスト，エネルギーコストを軽減している。

　たとえば，図表3-3の日本コカ・コーラ㈱が2009年5月に発売した「い・ろ・は・す（I LOHAS）」は，軟水を全国7か所で採水して製品化している。「い・ろ・は・す」555mlのPETボトルの樹脂使用量は，日本コカ・コーラの従来製品に比べ約40％削減して12gの軽量ボトルにして，省資源化に寄与している。ラベルの下部にくびれを設け，さらに強度と持ちやすさを向上させている。使用済みPETボトルをしぼることでごみの減容化やリサイクルのための輸送の効率化にも寄与している。この飲料水の発売当時は，国内最軽量のPETボトルとして大きな話題となった。特に，使用済みPETボトルをしぼる動作によって小さくできることを示したテレビCMは，消費者に大きなインパクトを与えた。

　「い・ろ・は・す」のPETボトルに使用する樹脂の一部（5 – 30％）[5]を植物由来の素材（サトウキビなどから砂糖が精製される工程の副産物であ

る糖蜜など）を使用したことで石油への依存を減らすことができ，100％リサイクルすることも可能にしている。PETボトルの軽量化だけでなく，素材にも配慮することでより環境にやさしいPETボトルを追求しているのである。また，キャップの樹脂使用量を同社の従来品より14％削減しており，ラベルのサイズを小さくして樹脂使用量を同社の従来品に比べ65％削減している以外に，ラベルのミシン目を破ることなく簡単にはがせるようにしている。

　また，図表3-4のサントリー食品インターナショナル㈱が1991年に発売した「サントリー天然水」は，軟水を全国３か所で採水して製品化している。2013年５月に発売した「サントリー天然水」550mlのPETボトルは，環境負荷の少ない植物由来原料を30％使用し，軽量化により，従来品に比べ石油由来原料の使用量を約40％削減して11.3g（自動販売機用13.5g）という国内最軽量化を実現して，「い・ろ・は・す」の記録を塗り替えた。

　「サントリー天然水」は，2014年４月より12μmのロールラベルを実用化

図表3-4　サントリー食品インターナショナルのサントリー天然水

し，従来のラベルに比べ二酸化炭素排出量を25％削減することが可能になった。PETボトルの軽量化に伴い，より簡単に手でつぶせるようになった。また，2016年春に発売した「サントリー 阿蘇の天然水」550mlのPETボトルのキャップに植物由来原料を30％使用しており，順次「サントリー天然水」ブランドで展開していく予定である。さらに，PETボトルのくぼみを真ん中に指がスポッと収まるように改良したことで，より手にフィットする形状になり，持つ手が安定するので，開けやすく，持ちやすくなった。この上，ラベルの端にあるはがし口をつまむと簡単にはがせるようにしている。

　両社のこれらの製品は，軽量化による環境配慮とともに，使いやすさを追求しているのが評価できる。樹脂の使用量を削減できれば，省資源化，省エネルギーの上に，二酸化炭素排出量削減が可能である。

　サントリー食品インターナショナル㈱は，植物由来原料100％のPETボトル製造実証に着手している。PETボトルの原料は，ポリエチレンテレフタレート（Polyethyleneterephthalate，頭文字をとってPETと呼ぶ）という，石油から作られるテレフタル酸とエチレングリコールを原料にして，高温・高真空下で化学反応させて作られる樹脂の1つである。このうち，植物資源から，エチレングリコールを取り出す技術は確立しているが，テレフタ酸を取り出す技術はできていない。

　現在の「サントリー天然水」のPETボトルは，30％がサトウキビ由来の原料で作られており，残りの70％が石油由来の原料で作られている。この70％の部分に，ウッドチップ由来を使い，植物由来原料100％のPETボトルを開発することで，製造から廃棄までに排出する二酸化炭素が半減することになる。植物由来100％の原料は，環境面で優れているだけでなく，原油価格に左右されない安定した原料供給源として期待できる。2021年ごろに「サントリー天然水」ブランドでの実用化を目指している。

　ここには，他社との差別化が難しい飲料において，PETボトルの環境配慮を価値として打ち出し，他社をリードしたいという飲料メーカーの狙いが込められている。飲料メーカー各社による軽量化競争が始まったのは，2000年代に常温無菌充填設備が普及し始めた頃からである。従来は飲料を

充填する際に高温・高圧に耐えられる頑丈なPETボトルを使う必要があって軽量化が難しかったが，飲料を常温で充填できるようになってからは耐熱が不要となり，薄くて軽いPETボトルが使えるようになった。

　北陸コカ・コーラボトリング㈱の富山県砺波市にある砺波工場（1998年1月操業開始）では，い・ろ・は・すや爽健美茶などを生産している。この工場では，過酢酸や過酸化水素水などの薬剤でPETボトルを洗浄・水洗いしていたため，大量の水を使用した。また，クリーンルーム，水のろ過や加熱，ポンプの稼働にエネルギーを使い，コストも要した。しかし，2011年5月に新ラインを増設した際に，Electron Beam殺菌ラインという電子ビーム殺菌装置を初めて導入して，電子ビームを照射して酸素からオゾンを作って殺菌するようになった。従来なら1時間あたり30㎥必要だった洗浄用の水をゼロにできた上，クリーンルームも不要となり，殺菌工程全体の電力量を50%削減できた。また，ポンプ用のモーター類が不要になり，生産ラインの幅が従来の25mから17mに縮小され，省スペース効果もあった。[6]これは，限りある水資源に影響を与えない，斬新な生産方式といえるのである。

■ 3.2.2　第2にリユース

　リユースとは，一度使用した容器や部品を再使用することである。代表的なものとして，つめかえ用製品がある。たとえば，シャンプー，台所用洗剤では，つめかえ用製品が普及し，容器のリユースが定着している。リユースは，製品の使用期間の長期化，廃棄物の発生抑制に寄与するとともに，製品製造時，廃棄時の資源消費・環境負荷を回避することにもつながっている。

　たとえば，花王㈱がつめかえ用製品を発売したのは1991年のことで，全製品に対するこの比率は1997年から急速に増え，2015年12月時点で207品目に上っており，現在ではほぼ80%強で推移している。プラスチック本体容器を繰り返し使うことで，省資源とごみの削減に役立っている。また，中身の性質や安全性の観点から，つめかえのかわりにスプレーなどの部品

をリユースするつけかえ用製品も発売している。

　図表3-5は，花王のつめかえ・つけかえ用製品の一例である。2015年（1
－12月）に販売されたつめかえ・つけかえ用製品が，すべてプラスチック
容器に入った製品であった場合と比べると，7万トン強のプラスチック使
用量を削減したことになるのである。つめかえ容器は，何回使ったら取り
替えるといった明確な寿命が決まっていない。つめかえ時に，製品を異な
る容器に入れると，中身が劣化し，容器が腐敗してしまうので避けるべき
である。

　図表3-6は，キリン㈱の繰り返し使われるリターナブルびん製品の一例で
ある。ビールびんが工場へ戻ってくると，内と外を洗って，キズやヒビが
ないかを空きびん検査機でチェックした後，再びビールを詰めて製品化し
ている。ビールびんは，工場で出荷後，約4か月程度で工場に戻され，年
間で約3回転し，平均寿命は約8年で，回数にすると約24回再使用される。
1974年からビールを販売するときに，1本5円の容器保証金を預かり，空
きびんが返されたときに保証金を返す容器保証金制度によって，ビールび
んのほぼ100%が回収され，再使用されている。制度導入の目的は，ビー

図表3-6　キリンのリターナブルびん製品例

出所：キリン［2016］「リターナブルびん」http://www.kirin.co.jp/csv/eco/special/recycle/
glass03.html（2016年4月1日）。

ルの円滑な供給を行うために，びんや箱の回収率を高めて資源を有効利用
するためと，容器の廃棄による環境汚染や多用途への流用を防ぐためであ
る。

　リターナブルびんは，消費者のライフサイクルや流通の変化などによっ
て，需要が減少傾向にあるが，ごみにならず，原料や製造エネルギーの節
約にもなるなど，環境に最もやさしい容器として，環境面でのメリットが
改めて見直されている。小さなキズや細かなヒビが入ったびんや長い間使
われて古くなったびんは，砕かれてカレットと呼ばれるガラスびんの原料
として使用される。カレットは，製びん工場で溶かされ，珪砂，ソーダ灰，
石灰石を加え，再びビールびんとして生まれ変わる。ガラスびんのリサイ
クルに終わりはないのである。

　キリン㈱は，従来の大びんを605gから475gへと21％の軽量化を実現し，
1993年に北海道から切り替えを開始して，2003年6月に大びんを全量切
替えることができた。軽量リターナブルびんとは，ガラスびんの外表面に
セラミックコーティングを施し傷がつきにくくすることで，強度を維持し
ながらガラスの肉厚を従来に比べ薄くしたものである。軽量リターナブル

びんを採用することは，びんの省資源化だけでなく，物流の効率化にも効果を上げ，省エネルギー，二酸化炭素の排出抑制に寄与している。小びんは，390gから351gと10%軽量化に成功し，1999年に切り替えを完了した。500mlの中びんは，470gから380gへと約20%の軽量化に成功し，2014年11月下旬に九州でテスト展開し，2015年秋に全国展開を開始しており，今後10年間で全数の切り替えを完了する予定である。[7]

■ 3.2.3　第3にリサイクル

● 3.2.3.1　リサイクルへの取り組み

　リサイクルとは，一度は廃棄されたものをもう一度原材料や燃料として使えるようにすることである。たとえば，ごみからセメントが作れるようになったのである。リサイクルは，鉄，プラスチック，アルミ，ガラス，紙などの材料で行われている。リサイクルは，不要になったものを分別することから始まる。

　廃棄物の最終処分場の埋立容量が逼迫している中で，新たな最終処分場の建設は予定地周辺の住民の反対などから容易ではない。そこで，廃棄物の埋立量を減らすために，中間処理として廃棄物の焼却が行われてきたが，焼却に伴って発生するダイオキシンによる環境汚染が1990年代後半に社会問題化した。ダイオキシン類による汚染が全国的に大きな問題となって，ダイオキシン類対策は1999年3月にダイオキシン類対策関係閣僚会議により策定されたダイオキシン対策推進基本指針と，1999年7月に議員立法により成立したダイオキシン類対策特別措置法の2つの柱をもとに進められた。たとえば，国の政策に従って，東京都では2002年12月までダイオキシン類対策を完了している。

　環境省は，人の健康及び生態系への影響の未然防止の観点に立って施策を着実に推進していくことにしている。そこで，ダイオキシン汚染防止のために，焼却施設の再整備とともにリサイクルの推進によって，処理対象の廃棄物の減量化を目指すようになり，廃棄物のリサイクルを進めるための法整備が進められた。

　1990年代に入ると，リサイクルに関する国内の法整備が進み，1991年4月26日に「資源の有効な利用の促進に関する法律（通称資源有効利用促進法）」，1995年6月16日に「容器包装に係る分別収集及び再商品化の促進等に関する法律（通称容器包装リサイクル法）」，1998年6月5日に「特定家庭用機器再商品化法（通称家電リサイクル法）」，2000年5月31日に「国等による環境物品等の調達の推進等に関する法律（通称グリーン購入法）」，2000年5月31日に「建設工事に係る資材の再資源化等に関する法律（通称建設リサイクル法）」，2000年6月2日に「循環型社会形成推進基本法」，2000年6月7日に「食品循環資源の再生利用等の促進に関する法律（通称食品リサイクル法）」，2002年7月12日に「使用済自動車の再資源化等に関する法律（通称自動車リサイクル法）」，2012年8月10日に「使用済小型電子機器等の再資源化の促進に関する法律（通称小型家電リサイクル法）」などが公布された。これらの法整備を受けて，個別企業の事業レベルでのリサイクルへの取り組みが進んできた。

　たとえば，秩父セメント㈱（2000年6月より秩父太平洋セメント㈱）熊谷工場（1962年に操業開始）が，1970年代後半に不法投棄で問題となっていた廃タイヤをセメント製造の燃料として使い始めて以来，セメント工場は廃棄物や産業副産物の引き受け品目を徐々に増やしてきた。火力発電所から生ずる石炭灰，鉄の製錬で生ずる高炉スラグ（溶融の際に分離した鉄鉱石のかす），建設発生土，都市ゴミ焼却灰，下水汚泥の焼却灰，廃プラスチック，木くずなどがセメントの原料と燃料に使われるようになった。

　太平洋セメント㈱の場合，2001年より産業廃棄物の原料・燃料化事業を拡大させており，2014年度は震災廃棄物の処理の完了により資源化した廃棄物・副産物は，2013年度より約33.1万トン減少し，695.5万トンになった。図表3-7を見ると，セメント1トンの製造で427.9kgの廃棄物・副産物を再資源化している。これで，廃棄物の最終処分場の延命，天然資源の枯渇防止，温室効果ガス排出量抑制，汚染物質の大気への排出の低減に寄与しているのである。

　環境省による8都市における容器包装廃棄物の使用・排出実態調査結果を容積比率（ごみ全体に占める容器包装廃棄物の素材別比率）で見ると，2015

図表3-7　太平洋セメントの廃棄物・副産物の使用原単位推移

注: 使用原単位とは，セメント1トン当たりの廃棄物・副産物使用量。
出所: 太平洋セメント［2015］『太平洋セメントCSRレポート2015』43頁。

年度の家庭から出るごみのうち55.1％が容器包装で，このうち39.8％がプラスチック類であった[8]。最終処分場が逼迫し，焼却施設の立地がますます困難な状況下で，家庭ごみの多くを占めている容器包装廃棄物のリサイクル制度を構築することにより，廃棄物の最終処分場の延命を狙って，一般廃棄物の減量と，資源の有効活用の確保を図る目的で，1995年6月に「容器包装に係る分別収集及び再商品化の促進等に関する法律（容器包装リサイクル法）」が制定された。

　この法律の対象となるものは，金属はアルミ缶，スチール缶，ガラスは無色ガラスびん，茶色ガラスびん，その他の色のガラスびん，紙は紙パック（アルミ不使用のもの），段ボール，その他の紙製容器包装，プラスチックはPETボトル（食料品（しょうゆ，乳飲料など，その他の調味料），清涼飲料，酒類），その他のプラスチック製容器包装がある。廃プラスチックは，現在，自治体独自の判断で収集・処理されている[9]。たとえば，東京23区では，1973年から家庭から排出される廃プラスチックを不燃ごみとして埋め立てていたが，2008年4月からは焼却・エネルギー回収による埋め立てゼロを目指した取り組みをスタートさせている。

　PETボトルリサイクル推進協議会によると，2014年度のPETボトルの

回収率は93.5％で，リサイクル率は82.6％であった。再生PET樹脂の用途は，ボトルtoボトル33.6％以外に，シート40.0％，繊維39.1％，成形品2.3％，その他（添加剤，塗料用，フィルムなど）3.7％であった。PETボトルのリサイクルの場合，欧州の2013年度リサイクル率40.7％，アメリカの2014年度リサイクル率21.6％と比較すると，日本のリサイクル率は世界最高水準であった。[10]　しかし，PETボトルのリサイクル率が高いものの，資源の有効利用という観点から，繰り返しリサイクルすることが可能なボトルtoボトルへの利用をさらに高める必要がある。

　PETボトルは，炭素，酸素，水素で構成されており，塩素を含んでいないので燃やしても有害物質が発生せず，酸素分を多く含むことから燃焼時の発熱量が低く，紙と同じ水準であり，発熱量が低いのでエネルギー回収よりも素材としてのリサイクルに向いている。日本では，使用済みボトルの傷などによるPETボトルの劣化（特に外観），転用による有害物質などの異物の付着の問題もあり，リターナブルPETボトルは普及していない。国の事情に合わせたリサイクルを推進すべきである。

● 3.2.3.2　PETボトルのリサイクル方法

　PETボトルは，あらゆる飲み物に利用されており，その数は年々増加傾向にある。1995年6月に「容器包装に係る分別収集及び再商品化の促進等に関する法律（通称容器包装リサイクル法）」が制定されたことで，再生PET樹脂の日本国内市場が確立し，使用済みPETボトルを有価物として評価するようになってきた。PETボトルをリサイクルすることによって，資源を無駄にせず，ごみを減らすのに役立てている。日本の消費者の品質要求が厳しいため，各社ともPETボトルのリサイクルにおける品質確保に大変な努力を積み重ねてきている。

　使用済みPETボトルを，再びPETボトルに使用するのをボトルtoボトルと呼ぶが，日本では2004年よりケミカル・リサイクル（Chemical Recycle，化学的再生法）が，2011年よりはメカニカル・リサイクル（Mechanical Recycle，物理的再生法）が施されている。ケミカル・リサイクルは，日本で始まった再生法で，化学分解により中間原料に戻した上で再重合する

方法で，新たなPET樹脂を作るやり方である。メカニカル・リサイクルは，海外で始まった再生法で，高洗浄による異物の除去や高温下での除染などの物理的処理を経てペレット化する方法である。[11]

　一般的なプラスチックとは異なり，PETボトルの場合は，ケミカル・リサイクルに比べ，メカニカル・リサイクルには大掛かりな分解設備や重合設備を使わないため，製造コストや環境負荷が低くなるといわれている。PETボトルは，何度でも繰り返し再生することができ，異物の完全除去を行い，元のPETボトルに遜色のない安全なボトルとして再生していることから，高度な資源循環型リサイクル，すなわち水平リサイクルと位置付けられている。

　たとえば，味の素ゼネラルフーヅ㈱は，主力ボトルコーヒー全製品に，2016年春季よりケミカル・リサイクルによる再生耐熱PET樹脂を100％使用したPETボトルを導入した。これにより，原料として年間約2,000トン相当（概算）の石油資源使用量を削減することになった。

　また，サントリー食品インターナショナル㈱は，2011年5月よりメカニカル・リサイクルによる再生PET樹脂を50％含むPETボトルをサントリーウーロン茶2ℓに導入しており，2012年4月よりはメカニカル・リサイクルによる再生PET樹脂を100％使用したPETボトルをサントリーウーロン茶，伊右衛門2ℓを始めとする多数の製品に採用している。これで，新たな石油由来原料をまったく使わないPETボトルの製造が可能になった。PET樹脂の製造時を含む二酸化炭素排出量を，石油由来原料100％のボトルと比較して，83％削減できる再生PETボトルの製造を可能にしている。

　両社のこれらの製品は，天然資源を採掘する必要がないことで省資源に貢献している。資源を繰り返し再生利用できることから，さらなる拡大を進める必要がある。PETボトルのリサイクル技術の追求は，環境負荷低減に欠かせないだけでなく，差別化というグローバルで勝ち抜くための必須要素になっている。

　3Rに，リフューズ（Refuse）を加え，4Rとする考え方もある。リフューズとは，要らないものはもらわない，買わない，使わないという意味である。たとえば，買い物時にマイバッグを利用することでごみを減らすこ

とができ，レジ袋の原料となる石油の消費を減らすこともできる。さらに，修理して長く使い続けるというリペア（Repair）を加えて，5Rとすることもある。4Rと5Rは，3Rのように法律で裏付けられた厳密な定義はない。消費者のできる行動という観点から，4Rと5Rという考え方が出てきているのである。

　持続可能な循環型社会に向けた取り組みを推進するためには，使用済み製品や容器の回収・リサイクルの仕組みを社会的に構築する際に，その回収や再び原材料に戻す段階で二酸化炭素排出が発生することも考慮して，資源循環システムと二酸化炭素排出量を低減できるシステムを構築する必要がある。

　日本は，廃棄物管理から3Rによる健全な資源循環のための取り組みにおいて先進的な地位にいる。日本の3R政策は，主に埋立処分場の制約に対応するため，リサイクルによる最終処分量の減少に焦点をあててきた。廃棄物のリサイクルのための法整備を進めたことで，最終処分量が減少してきている。

　全国の警察に2014年に届けられた落とし物は，約2億5,000万点で，過去最高を更新しており，10年前の2.5倍近くになったとのことであった。100円ショップやファストファッションなど，安価な製品が定着したことで，物を大事にしなくなったためである。[12]もう一度，江戸時代のようなリデュース，リユース，リサイクル，リペアといったもったいない精神を学び直すべきである。

3.3 ゼロ・エミッションで廃棄物ゼロを目指す

　ゼロ・エミッション（Zero Emission）とは，廃棄物ゼロを意味しており，ある企業や産業から出る排出物を他の企業や産業の原材料として利用し，外部に排出する最終的な廃棄物をゼロにすることである。ある1つの企業や産業では難しいが，複数の企業や産業が共同で取り組むことで，ゼ

ロ・エミッションに近づくことは可能となる。廃棄物の処理負担が増大していることも，廃棄物ゼロへの取り組みを促進している。

　特に，副産物を再利用しやすいビールや食品工場でのゼロ・エミッションが進んでいる。たとえば，キリンビール㈱は，1994年に横浜工場他計4工場で副産物・廃棄物の再資源化率100％を達成し，1998年に全ビール工場で再資源化率100％を達成して以来，今でも維持している。ゼロ・エミッションの達成は，廃棄物の発生抑制，減量化，リサイクル推進などの施策により可能となる。

　しかし，企業の中には，最終処分廃棄物が1％以下の場合をゼロ・エミッションと定義しているところもある。企業によっては，外部委託を含めたリユース・リサイクルが徹底されることを，ゼロ・エミッションの達成と見ているところもある。

　たとえば，NTTグループでは，最終処分率1％以下をゼロ・エミッションと定義しており，2014年度の全廃棄物合計の最終処分率は0.88％となり，撤去した通信設備の最終処分率が0.02％で，11年連続でゼロ・エミッションを達成したと公表した[13]。第一三共㈱の国内グループでは，最終処分率（最終処分量／廃棄物など総発生量）1％未満をゼロ・エミッションと定義しており，2014年度の最終処分率が0.6％で，2008年度よりゼロ・エミッションを継続していると公表した[14]。また，日立グループでは，当該年度最終処分率（埋め立て処分量／廃棄物など発生量）0.5％未満をゼロ・エミッションと定義しており，2014年度は123事業所がゼロ・エミッションを達成したと公表した[15]。

　エコタウン事業は，ゼロ・エミッション構想のもとで，地域の産業蓄積などを活かした環境産業の振興によって地域振興及び地域の独自性を踏まえた，廃棄物の発生抑制・リサイクルの推進によって資源循環型経済社会の構築を目的としている。この事業は，地方自治体が地域住民，地域産業と連携しつつ取り組む先進的な環境調和型まち作りを推進するために，1997年度に創設された制度である。そのプランが，他の地方自治体の見本となりうると認められるものを，経済産業省と環境省が共同で承認している。

　図表3-8を見ると，エコタウン事業は，1997年から2006年までの10年間

に経済産業省と環境省によって26地域が承認されており，リサイクル技術を蓄積してきた。たとえば，東京スーパーエコタウン，北九州エコタウンがある敷地は埋立地で，造成はしたものの売れそうにない土地ということで，エコタウンの活用によって環境保全と地域活性化を図っている。廃棄物の処理は，個々の企業が単独で行うのは困難で，複数の企業が地域的にネットワークを組織することが重要であり，この目的に沿ってエコタウン事業が推進されている。

　エコタウン事業は，資源利用の減少，最終処分場の延命，地域の再活性化を，廃棄物管理の適正化と革新的なリサイクル産業の発展によって達成しようとするものである。日本政府によるエコタウン事業は，廃棄物の大量発生と，廃棄物の最終処分場の逼迫という問題から実施されており，リサイクル産業の形成と地域の資源循環力の拡大を狙っている。日本のリサイクル法の整備・執行とエコタウン事業によって，廃棄物の埋立処分量が減少してきたのは確かである。

　しかし，エコタウン事業の運営において，資源調達上の問題から整備した施設の稼働率が十分ではなく，再商品化製品が市場で売れないことが問題とされ，雇用の確保と事業の継続性に問題が生じており，エコタウンのその能力が十分に生かされていない。現在は，それぞれのエコタウンが単独で活動をしているが，将来はエコタウン同士が連携し，エコタウンと他の都市とが連携しあうことで，廃棄物の効率的なリサイクルシステムを構築することができると見られている。

　原材料の調達からモノを生産，流通，消費する動脈経済と，使用済みのモノを回収，再生利用する静脈経済がある。動脈工程は，長い年月をかけて進歩し続けてきており，技術を改善して使用する原料を少なくしたり，発生する廃棄物を減らしたり，環境負荷を減らしたりしている。そのため，それぞれの工程が結びついて互いに協力し連携して，資源やエネルギーの削減を実現しているが，静脈工程ではできていない。動脈工程と静脈工程が共同で資源やエネルギーの削減を目指すことで，持続可能性を生み出すことが可能になるであろう。製品の原材料の採取から生産，流通，消費，廃棄，回収，再生利用に至るまでのライフサイクル全体における環境

図表3-8 エコタウン事業の承認地域と事業内容

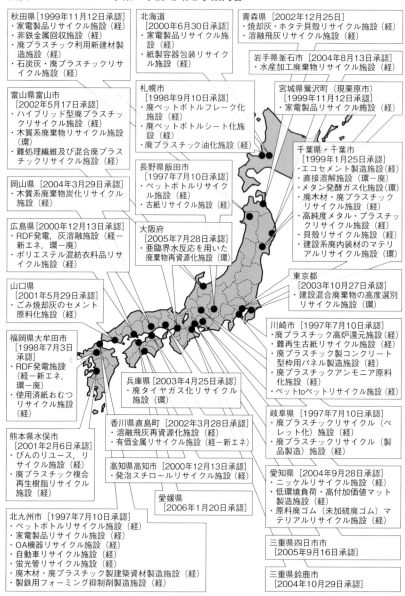

秋田県［1999年11月12日承認］
・家電製品リサイクル施設（経）
・非鉄金属回収施設（経）
・廃プラスチック利用新建材製造施設（経）
・石炭灰・廃プラスチックリサイクル施設（経）

北海道
［2000年6月30日承認］
・家電製品リサイクル施設（経）
・紙製容器包装リサイクル施設（経）

青森県［2002年12月25日］
・焼却灰・ホタテ貝殻リサイクル施設（経）
・溶融飛灰リサイクル施設（経）

岩手県釜石市［2004年8月13日承認］
・水産加工廃棄物リサイクル施設（経）

富山県富山市
［2002年5月17日承認］
・ハイブリッド型廃プラスチックリサイクル施設（経）
・木質系廃棄物リサイクル施設（環）
・難処理繊維及び混合廃プラスチックリサイクル施設（経）

札幌市
［1998年9月10日承認］
・廃ペットボトルフレーク化施設（経）
・廃ペットボトルシート化施設（経）
・廃プラスチック油化施設（経）

宮城県鶯沢町（現栗原市）
［1999年11月12日承認］
・家電製品リサイクル施設（経）

千葉県・千葉市
［1999年1月25日承認］
・エコセメント製造施設（経）
・直接溶解施設（環－廃）
・メタン発酵ガス化施設（環）
・廃木材・廃プラスチックリサイクル施設（経）
・高純度メタル・プラスチックリサイクル施設（経）
・貝殻リサイクル施設（経）
・建設系内装材のマテリアルリサイクル施設（環）

岡山県［2004年3月29日承認］
・木質系廃棄物炭化リサイクル施設（経）

長野県飯田市
［1997年7月10日承認］
・ペットボトルリサイクル施設（経）
・古紙リサイクル施設（経）

東京都
［2003年10月27日承認］
・建設混合廃棄物の高度選別リサイクル施設（環）

広島県［2000年12月13日承認］
・RDF発電，灰溶融施設（経－新エネ，環－廃）
・ポリエステル混紡衣料品リサイクル施設（経）

大阪府
［2005年7月28日承認］
・亜臨界水反応を用いた廃棄物再資源化施設（環）

川崎市［1997年7月10日承認］
・廃プラスチック高炉還元施設（経）
・難再生古紙リサイクル施設（経）
・廃プラスチック製コンクリート型枠用パネル製造施設（経）
・廃プラスチックアンモニア原料化施設（経）
・ペットtoペットリサイクル施設（経）

山口県
［2001年5月29日承認］
・ごみ焼却灰のセメント原料化施設（経）

福岡県大牟田市
［1998年7月3日承認］
・RDF発電施設（経－新エネ，環－廃）
・使用済紙おむつリサイクル施設（経）

兵庫県［2003年4月25日承認］
・廃タイヤガス化リサイクル施設（環）

岐阜県［1997年7月10日承認］
・廃プラスチックリサイクル（ペレット化）施設（経）
・廃プラスチックリサイクル（製品製造）施設（経）

熊本県水俣市
［2001年2月6日承認］
・びんのリユース，リサイクル施設（経）
・廃プラスチック複合再生樹脂リサイクル施設（経）

香川県直島町［2002年3月28日承認］
・溶融飛灰再資源化施設（経）
・有価金属リサイクル施設（経－新エネ）

愛知県［2004年9月28日承認］
・ニッケルリサイクル施設（経）
・低環境負荷・高付加価値マット製造施設（経）
・原料廃ゴム（未加硫ゴム）マテリアルリサイクル施設（経）

高知県高知市［2000年12月13日承認］
・発泡スチロールリサイクル施設（経）

愛媛県
［2006年1月20日承認］

三重県四日市市
［2005年9月16日承認］

北九州市［1997年7月10日承認］
・ペットボトルリサイクル施設（経）
・家電製品リサイクル施設（経）
・OA機器リサイクル施設（経）
・自動車リサイクル施設（経）
・蛍光管リサイクル施設（経）
・廃木材・廃プラスチック製建築資材製造施設（経）
・製鉄用フォーミング抑制剤製造施設（経）

三重県鈴鹿市
［2004年10月29日承認］

注：経は経済産業省エコタウン補助金，経－新エネは経済産業省新エネ補助金，環は環境省エコタウン補助金，環－廃は環境省廃棄物処理施設整備費補助金。
出所：環境省［2011］「エコタウン事業の承認地域マップ（2011年3月現在）」http://www.env.go.jp/recycle/ecotown/map.pdf（2011年4月1日）を修正。

負荷削減に，生産者が責任を持つという拡大生産者責任（EPR: Extended Producer Responsibility）によって責任をとらせるべきである。

■ **3.4** まとめ

　日本は，3R，ゼロ・エミッションの取り組みによって，大量生産，大量消費，大量廃棄の社会から，リサイクルの量が増えるにつれて，大量生産，大量消費，大量リサイクルの社会に転換している。

　日本にとって，資源を国内で循環させていくことは，安定供給確保の面で重要である。資源価格の高騰に見られる世界的な資源制約が強まる中で，より少ない資源の投入で，より高い価値を生み出す製品作りを目指している。しかし，環境制約と資源制約の克服に向けた資源効率のための資源政策ではなく，単なる廃棄物を処分するための廃棄物政策の色合いが強い。質を高めた資源循環のために，リサイクルよりリデュース，リユースの推進，回収した有用金属と使用済み製品を原料に用いて同等の製品を作るという，水平リサイクルの推進によるリサイクルの高度化が求められている。サーマル・リサイクルなどのように一回限りのリサイクルではなく，繰り返し循環的に利用することが可能な質の高いリサイクルを促進すべきである。

　ヘンリー・フォード（Henry Ford）は，自動車の製造時にムダを排除して，できるだけ廃棄物を出さないように工夫をし，やむなく発生した廃棄物を再生利用するほど，資源の節約のために徹底的に取り組んだ。たとえば，できるだけ木材の使用量を少なくしようとして，一本の樹木から最大量の木材を取り出すことに努力し，木材として役立つ部分がすっかりなくなるまでは木材として取り扱い，次にその残りを化学品として扱い，それを分解して，別の化合物に転換し，自らの工場内部で利用していた。[16)]

　このようなフォードによる取り組みは，コストを下げるのに役立っており，値段の安い車の生産につながっている。日本企業による環境経営は，彼が実践してきた取り組みに比べ後れをとっているとさえ見える。彼の時代に

は，ものがなかった時代であったために，このような徹底した取り組みを行わざるを得なかったであろう。それでも，彼は，先を見越して資源の枯渇に注意を払っておく必要があると述べていた。今の時代は，ものが豊富ではあるが，資源の枯渇が叫ばれていることから，彼のような取り組みが求められてもいる。このような取り組みが進むことで，値段の安い高品質の製品を消費者に提供可能になるであろう。彼のもったいない精神を，今日の日本企業は学ぶべきである。彼のように，廃棄物がなぜこれほど大量に出てくるのだろうかと疑問を持ち，それに答えていくうちに，解決策を見出すことができるであろう。

〈注〉

1）環境省［2016］「環境にやさしいライフサイクル実態調査報告書（平成27年度調査）」http://www.env.go.jp/policy/kihon_keikaku/lifestyle/h2804_01/h27_full01.pdf（2016年5月1日）10，22頁。調査方法はインターネット，調査期間は2016年2月17日－20日，回答数は全国の20歳以上の男女2,631人。

2）環境省［2016］「産業廃棄物処理施設の設置状況について：産業廃棄物行政組織等調査（平成25年度実績）による」http://www.env.go.jp/press/files/jp/102356.pdf（2016年4月8日）14頁。

3）環境省［2016］「一般廃棄物の排出及び処理状況等（平成26年度）について」http://www.env.go.jp/press/files/jp/29245.pdf（2016年2月22日）12，13頁。

4）Baldé, Wang, Kuehr & Huisman［2015］pp.22, 64.

5）PET樹脂の製造開始時及び終了時に，植物由来素材の含有量が変動するため，植物由来素材の混合率は最小5％から最大30％となる。

6）日経エコロジー［2013.3］80-81頁。

7）キリン［2016］「ガラスびんのリデュース：リターナブル大びん，中びん，小びんの軽量化を実施」http://www.kirin.co.jp/csv/eco/special/recycle/glass02.html（2016年4月1日）。

8）環境省［2016］「容器包装廃棄物の使用・排出実態調査の概要（平成26年度調査）」http://www.env.go.jp/recycle/yoki/c_2_research/research_11.html（2016年6月29日）。調査対象は，8都市（東北1，関東4，中部1，関西1，九州1）のうち，A地区（比較的古くからの戸建て住宅地），B地区（比較的最近に開発された戸建て住宅地），C地区（共同住宅）から排出された家庭ごみ。調査期間は，2015年8月－12月まで。調査方法は，ごみステーションに排出されたごみを回収し，分析。

9）廃プラスチックのリサイクルには，3つの手法がある。第1に，マテリアル・リサイクル（Material Recycle）は，材料リサイクルともいい，廃プラスチックを原料として再資源化すること。第2に，ケミカル・リサイクル（Chemical Recycle）は，廃プラスチックを化学反応により組成変換した後にリサイクルすること。第3に，サーマル・リサイクル（Thermal Recycle）は，廃プラスチックの焼却の際に発生する熱エネルギーを回収・利用すること。

10）ペットボトルリサイクル推進協議会［2016］「統計データ」http://www.petbottle-rec.

gr.jp/data/（2016年6月1日）。ペットボトルリサイクル推進協議会は，1993年にPETボトルを製造するメーカーなどからなるPETボトル協議会と，PETボトルを飲み物容器などに利用する中身メーカーなどからなる複数の業界団体が一緒になって設立された任意団体。

11）PETボトルを8mm角位の小片に粉砕し，よく洗って乾かしたものがフレーク。このフレークを一度溶かして，小さな粒状に加工したものがペレット。

12）「落とし物デフレで急増：安物だから…執着せず」『日本経済新聞』（朝刊）2016年5月29日10面。

13）NTT［2015］『NTTグループサステナビリティレポート2015』46頁。

14）第一三共［2015］『第一三共グループ環境データブック2015』22頁。

15）日立製作所［2015］『日立グループサステナビリティレポート2015』87頁。

16）フォード［1968］訳書149-163頁。

〈参考文献〉

Baldé, C. P., Wang, F., Kuehr, R., and Huisman, J. [2015] *The Global E-Waste Monitor 2014: Quantities, Flows and Resources.* Bonn: United Nation University, IAS-SCYCLE.

日経エコロジー［2013. 3］「日本コカ・コーラのい・ろ・は・す工場水使用，実質ゼロを目指す」『日経エコロジー（日経BP社）』80-81。

フォード，H.（稲葉襄監訳）［1968］『フォード経営：フォードは語る』東洋経済新報社。

第4章 日本企業の実践状況

■ 4.1 環境関連マネジメント・システム

■ 4.1.1 ISO 14001

● 4.1.1.1 ISO 14001 規格

　環境マネジメントとは，企業が環境保全に関する取り組みを進めるにあたり，環境に関する方針や目標を自ら設定し，これらの達成に向けて取り組んでいくことで，事業活動を環境に優しいものに変えていてくための効果的な手法である。地球環境問題に対応し，持続可能な発展をしていくためには，事業活動全般において環境への負荷を減らさなければならず，企業は規制に従うだけでなく，積極的に環境保全のための取り組みを進めていくことが求められている。環境マネジメントは，そのための有効なツールになる。

　製品が国境を越えた取引の対象になった工業化社会において，各国の規格がバラバラでは不都合が多いので，国際貿易という観点から，基本的な部分は共通化しようとする目的で標準化が進められてきた。この国際標準化活動によって，1947年2月に国際標準化機構（ISO: International Organization for Standardization）が設立され，製品とサービスの国際交換を容易にし，

知的，科学的，技術的及び経済的活動分野における国際間の協力を助長するために，国際的な標準化及びその関連活動の促進を図っている。

　この一環として，国際標準化機構によって1996年9月に環境マネジメント・システムであるISO 14001が制定された。ISO 14001が制定されたきっかけは，1992年6月にブラジルのリオデジャネイロで開催された「環境と開発に関する国連会議（UNCED: United Nations Conference on Environment and Development）」の成功に向けて，1990年に「国連環境計画（UNEP: United Nations Environment Programme）」の当時の事務局長であったモーリス・ストロング（Maurice Strong）が，ビジネスと産業のためのアドバイザーであったステファン・シュミットハイニー（Stephan Schmidheiny）というスイスのビジネスマンに相談したことに起因している。

　ステファン・シュミットハイニーは，世界の主要経済人に呼びかけ，1991年4月にオランダのハーグにて「持続可能な開発のための経済人会議（BCSD: Business Council for Sustainable Development，1995年1月より持続可能な開発のための世界経済人会議）」を初めて開催して話し合う中で，環境マネジメント・システムの国際規格化の発想が生まれ，国際標準化機構に環境マネジメント・システムに関する国際規格の開発を要請したのである。ISO 14001は，1992年4月に発行されたイギリスの環境管理規格である「BS 7750」を基に作られており，経済界，産業界の要請によって出来上がったものである。

　ISO 14001は，世界170か国で使用されており，ISO Survey 2014を見ると，2014年現在，認証取得数は全世界で32万4,148件で，2013年に比べ7％増であった。このうち，中国が11万7,758件で世界トップであり，次にイタリア2万7,178件，その次に日本2万3,753件，イギリス1万6,685件，スペイン1万3,869件の順になっている。日本の認証取得数は，1997年から2006年までは世界トップであったが，2007年から2012年までは世界2位，2013年からは世界3位と減少傾向にある。これは，経営に役立つツールとしての認識がなくて，業績悪化によってコスト削減対象にされたためである。

　ISO 14001の認証取得によって，経営者の考え方を組織の末端に浸透させることができ，環境法規制への対応体制を構築でき，手順の明確化によ

り，環境に関する管理効率が向上し，環境関連費用のコストダウンが図れるのである。この発行を契機に，日本企業の環境経営への取り組みが本格化しており，法的基準を満たすだけでなく，自主的に環境負荷を低減することができるようになった。

　ISO 14001は，第1に，環境方針（環境活動の方向付けと枠組み），第2に，計画（環境側面，法的及びその他の要求事項，目的及び目標，環境マネジメント・プログラム），第3に，実施及び運用（体制及び責任，訓練，自覚及び能力，コミュニケーション，環境マネジメント・システム文書，文書管理，運用管理，緊急事態への準備及び対応），第4に，点検（監視及び測定，不適合並びに是正及び予防処置，記録，環境マネジメント・システム監査），第5に，マネジメントレビュー（変化に対応した適合性と有効性）というプロセスを繰り返すことにより，継続的に改善していこうとするものである。

　たとえば，ISO 14001の「4　環境マネジメント・システム要求事項」の「4.2　環境方針」を見ると，組織の環境方針はトップ・マネジメントが定め，組織の活動，製品またはサービスの性質，規模及び環境影響に対して適切であり，継続的改善及び汚染の予防に関するコミットメントを含み，関連する環境法規及び組織が同意する他の要求事項を遵守するコミットメントを含み，環境目的及び目標を設定し，見直しの枠組みを与え，文書化され，実行され，維持されかつ全従業員に周知され，一般社会の人々にも影響を与える可能性があることから一般の人に入手可能にするとしている。

　環境省の2014年度における環境マネジメント・システムの構築・運用による効果についての調査によると，第三者が認証する環境マネジメント・システムを構築・運用している806社における構築・運用による効果について調査した結果，「従業員などの環境への意識の向上」が87.8％と最も多く，次いで「環境負荷低減」が80.1％，「コスト改善」が47.4％，「取引先や顧客からの評価が向上」が47.1％，「管理能力が向上」が46.8％の順になっている。一方，環境マネジメント・システムを構築・運用していない理由については，「業務上，必要ないと思っているため」が29.5％と最も多く，次いで，「コストに見合ったメリットが感じられないため」が27.6％となっ

ている。[2)] このような結果から，ISO 14001の認証取得によって，従業員の環境意識の向上が見られたが，認証取得そのものが目的となって経営上のメリットが得られていないことがうかがえる。

　無理をして難しいシステムを作るのではなく，それぞれの実状にあったシステムを工夫することが重要である。無理なシステムを作り上げると，3年後の更新時に痛い目に合うことになる。

• 4.1.1.2　中小企業はエコアクション21を認証取得

　ISO 14001の場合，文書化の要求が多く，記述形式にひな型がなく，管理方法が事業者に委ねられているなど，認証取得に要する時間，人員，コストは特に中小企業にとっては大きな負担になっている。このため，中小企業にとっては，ISO 14001よりも簡略化された環境マネジメント・システムである，エコアクション21（Eco Action 21）の認証取得を行うところもある。

　エコアクション21は，環境庁（2001年の中央省庁再編により，環境省へ昇格）が1996年に策定を行い，その後改訂を重ね，2004年10月に認証・登録方式にしたものである。ISO 14001に比べ文書化の要求が少なく，自己チェック様式のひな型が用意されている。しかし，エコアクション21の認知度は，ISO 14001に比べると非常に低く，国内にもまして国際的認知度はさらに低い。認知度が低いからといって，そのシステム内容自体に問題があるわけではない。

　エコアクション21の取り組み方は，第1に環境負荷を把握し，把握した環境負荷の削減のための目標などを立て，第2に立てた目標達成のための取り組みをし，第3にその取り組みの結果を取りまとめて評価し，次の改善につなげ，第4にこれらの内容を環境活動レポートにまとめるという仕組みになっている。

　たとえば，エコアクション21の要求事項である，「第3章　環境経営システム」の「2 環境保全方針の策定」を見ると，代表者（経営者）は，環境経営に関する方針（環境方針）を定め，誓約し，組織の事業活動に見合ったものとし，環境への取り組みの基本的な方向を明示し，組織に適用さ

れる環境に関する法規などの遵守を誓約し，環境方針には制定日（または改定日）を記載し，代表者が署名し，全従業員に周知させることにしている。

エコアクション21中央事務局の発表によると，2015年度の「エコアクション21」認証取得数は7,690件で，業種別割合は建設業（設備工事業を含む）が32％で一番多く，次に製造業24％，廃棄物処理・リサイクル業18％の順で，規模別割合は11人－30人が40％で一番多く，次に31人－100人26％，10人以下24％の順であった。都道府県別に見ると，静岡県が966件で一番多く，次に東京都836件，その次に大阪府502件，兵庫県487件，福岡県484件の順であった。[3]

2004年には，エアアクション21の仕組みの見直しを行い，認証・登録制度を導入して活用しやすいものへと改訂が行われた。2009年には，内容をよりわかりやすくするとともに，取り組みをさらに促進するために，「エコアクション21ガイドライン2009年版」として改訂が行われた。2011年には，エコアクション21認証・登録制度の公正かつ適切な運営が図られることを目的として，「第2章 エコアクション21認証・登録制度の概要」部分について一部改訂を加えた「エコアクション21ガイドライン2009年版（改訂版）」が策定された。ISO14001が2015年9月に大幅改訂されたことを受けて，環境省でも2015年よりエコアクション21ガイドラインの改訂に関する検討を実施しており，2017年に改訂版を公開する予定である。

• 4.1.1.3 ISO 14001の統合認証

ISO 14001の全社単位の統合認証を取得すれば，環境目的・目標の設定・測定を全社で一本化して，進捗管理や環境リスク管理を強化でき，法的リスクの対応も強化でき，その上にコストも削減できるので，そうやって環境経営推進を強めているところもある。

2000年のISO 9001と2004年のISO 14001の改訂では，内容的には大きな変化はないものの，システムの統合のための整合性が向上した。2015年9月のISO 9001とISO 14001の改訂では，初版発行当時とは大きく様変わりし，本業との一体化を目指しており，経営理念の中に環境理念を明確に位置付け，経営トップのリーダーシップとコミットメントがなくてはならな

いとしている。環境マネジメント・システムを組織の上流（サプライチェーン）と下流（流通チャネル，顧客，リサイクル・廃棄物処理）に拡大することを指向している。環境側面を特定するにあたっても，ライフサイクルの視点を考慮することが要求されている。

　1987年3月に品質マネジメント・システムであるISO 9001が制定され，普及している。この規格は，1979年に制定されたイギリスのBS 5750とアメリカのANSI/ASQC Z1-15を基にして作られている。

　ISO 9001は，188か国で使用されており，ISO Survey 2014を見ると，2014年現在，認証数は全世界で1,138,155件で，2013年に比べ1％増であった。このうち，中国が342,800件で世界トップであり，次にイタリア168,960件，その次にドイツ55,363件，日本45,785件，インド41,016件の順であった。日本のISO 9001認証取得数は，2006年をピークに減少傾向である。[4)]

　たとえば，富士ゼロックス㈱は，2016年1月27日に統合による効率化，経営ツールとしての有効性向上のために，本社機能，研究・開発・生産機能（関連2社含む）及び国内営業機能（販売関連37社含む）の品質・環境・情報セキュリティのマネジメント・システムの統合を行った。

　ISO 14001は，企業の目的を達成するためのツールで，事業を発展させるためにあるものである。しかし，先に規格ありきで，そこに事業を当てはめるイメージが強く，経営上のメリットが出せなかったところもある。経営理念と環境理念を統合し，継続的な改善による効率化を向上させるためには，経営ツールとしての認識や経営トップの理解がなくてはならない。

　地球環境に対するさまざまな規制や要請は，今後ますます強化されると予想されており，こうした動きに効果的に対応するには，環境マネジメントにより体系的に取り組むことが必要となってくるであろう。

■ 4.1.2　ISO 26000

• 4.1.2.1　ISO 26000規格

　1990年代ごろから，低コストを求めて途上国に進出して以来，多国籍企業は巨大化し，その一方でサプライチェーンが複雑化しており，強制労働，

児童労働などに代表される人権問題や，貧富の格差拡大などが深刻化してきた上に，不正会計などの企業の不祥事も頻発したことから企業の社会的責任が世界的な関心事になってきた。そこで，企業には経済面だけでなく，環境や社会に対する責任が強く求められるようになった。

　企業の社会的責任への関心が世界的に高まってきたことで，2010年11月に国際標準化機構はあらゆる組織の社会的責任についてのガイドラインとしてISO 26000を発行した。しかし，これは，ガイダンス規格であって，認証規格ではない。そこでは，組織が果たすべき社会的責任として，説明責任，透明性，倫理的な行動，ステークホルダーの利害の尊重，法の支配の尊重，国際行動規範の尊重，人権の尊重という7つの原則が設けられた。[5)]また，組織が取り組むべき社会的責任として，組織統治，人権，労働慣行，環境，公正な事業慣行，消費者課題，コミュニティへの参画及びコミュニティの発展と7つの中核主題が設定されている。

　ISO 26000の人権に関しては，2008年5月に国連人権理事会（United Nations Human Rights Council）に提出されたビジネスと人権に関する国連事務総長特別代表を務めていたハーバード大学のジョン・ラギー（John Ruggie）教授の「保護，尊重，救済: 企業活動と人権についての基本的考え方（通称ラギー・フレームワーク）」で提唱された枠組みを取り入れている。これは，人権問題における国家と企業の役割を明示しており，人権を保護する国家の義務，人権を尊重する企業の責任，救済へのアクセスという3つを基本的な枠組みとして提唱した。2011年3月にこの枠組みを実施するための原則である，「ビジネスと人権に関する指導原則: 国際連合保護「尊重及び救済」枠組み実施のために（Guiding Principles on Business and Human Rights: Implementing the United Nations "Protect, Respect and Remedy" Framework，通称ラギー・レポート）[6)]」が国連人権理事会に提出され，同年6月に承認を得ている。

　国際連合が採択したこの報告書を契機に，多くの国では企業による人権問題が重視されるようになった。これは，すべての企業に適用され，企業はこの原則に沿って行動し，人権を尊重する企業としての責任を果たすことが求められている。人権には，強制労働や児童労働，労働慣行や安全衛

生，環境が含まれている。日本のCSRは，法令尊守・社会貢献・環境対応に焦点が合わせてあって，人権・労働問題に対しては日本企業の認識は薄い方であった。そこで，新興国のサプライチェーンで起きる人権や環境の問題で，発注元の企業が責任を問われる例が増えてきた。グローバル企業は，自らルールを守るだけでなく，サプライチェーンにまで配慮することが求められているのである。規制を超えた世界水準の目線を持たなければ，企業の社会的責任は果たせず，リスクも減らせなくなってきている。このために，企業がサプライヤーに人権や労働慣行，環境などの企業の社会的責任を求めるCSR調達が急速に広まっている。[7]

OECD（Organization for Economic Cooperation and Development，経済協力開発機構）は，1976年に企業に対して責任ある行動を自主的にとるよう勧告するための「OECD多国籍企業行動指針」を策定した。[8] これには，法的な拘束力はなく，その適用・実施は各企業の自主性に委ねられている。5回目の2011年の改訂では，人権に関する章の新設，リスク管理の一環として企業は自社が引き起こすまたは一因となる実際的，潜在的な悪影響を特定し，防止し，緩和するため，リスクに基づいたデューディリジェンス（Due Diligence，組織が及ぼすマイナスの影響を回避，緩和することを目的として，事前に認識，防止，対処するために取引先などを精査するプロセス）を実施すべきなどの規定が新たに盛り込まれた。

国連グローバル・コンパクト（UNGC: The United Nations Global Compact）は，1999年の世界経済フォーラム（World Economic Forum）において，当時の国連事務総長であったコフィー・アナン（Kofi Annan）が企業に対して提唱したイニシアティブで，2000年7月に正式に発足した。これは，企業に対し，人権・労働・環境・腐敗防止（2004年6月追加）の4分野・10原則を軸に実践するよう要請している。

国際連合や国際機関による規則作りは，グローバル化した経済に対応し，持続可能な世界を維持していくためには不可欠である。企業がこのような規則を守ることを求めているが，OECD多国籍企業行動指針と国連グローバル・コンパクトは，自主的なイニシアティブであり，多国籍企業の透明性や説明責任を高めるための法的拘束力を持っていないせいで十分に機能

しているとはいえないので，法的拘束力を持った枠組みが必要である。

• 4.1.2.2　紛争鉱物問題によるリスク

　紛争鉱物（Conflict Minerals）とは，紛争地域において産出され，その鉱物を購入することが現地の武装勢力の資金調達につながり，結果として当該地域の紛争に加担することが危惧される鉱物の総称である。紛争鉱物関連の世界的な取り組みは，人権の尊重や武装勢力への武器供給の遮断，テロリストなどへの資金源の遮断などのために行われている。

　2010年7月に成立したアメリカの金融規制改革法である「ドッド＝フランク・ウォール街改革及び消費者保護に関する法律（Dodd-Frank Wall Street Reform and Consumer Protection Act，法案を提出した下院金融サービス委員会委員長バーニー・フランクと上院銀行委員会委員長クリストファー・ドッドの姓に由来，通称ドッド・フランク法）」には，第1502条において，紛争鉱物に関する規定が盛り込まれ，アメリカ上場企業は該当する紛争鉱物を製造などに使用している場合には，米国証券取引委員会（SEC: U. S. Securities and Exchange Commission）への報告義務がある。

　紛争鉱物とは，現状ではコンゴ民主共和国，アンゴラ，ブルンジ，中央アフリカ共和国，コンゴ共和国，ルワンダ，南スーダン，タンザニア，ウガンダ，ザンビアで産出される，スズ（Sn），タンタル（Ta），タングステン（W），金（Au）という4つの鉱石である。これは，虐殺を行った武装勢力の資金源になっていることを，アメリカの市民団体などが問題視したことに起因する。紛争鉱物は，今後，ますます大きな問題に発展する可能性があり，放置していると不買運動などに発展する可能性がある。アメリカの規制であっても，グローバル化によってサプライチェーンが複雑化しているので，どこでどのように関連してくるのかがわからない。したがって，日本企業にも関係する新たな調達リスクとして浮上している。

　また，OECDの2011年の「OECD紛争地域及び高リスク地域からの鉱物の責任あるサプライチェーンのためのデューディリジェンス・ガイダンス」[9)]は，企業が人権を尊重し，その鉱物採掘活動を通じて紛争に手を貸してしまうことを回避することを目的としている。透明性の高い鉱物サプライチ

ェーンを構築し，鉱物資源セクターに対する企業の関与を持続可能なものにすることを目指している。

　紛争地域では収入源をなくした住民が糧を求めて武装勢力に加担するなどの問題が起こっている。国際社会が，住民への支援策を講じなくてはならない。[10]紛争鉱物が問題になっているところは，長く内乱が続いているために経済面でも困難を抱えており，鉱業が主要産業の1つになっていることから武装勢力とは無関係の鉱山を支援することも今後の課題といえる。紛争鉱物問題は，世界中のサプライチェーンを巻き込んだ問題である。日本国内だけで対策を講じても，その効果は不十分である。

・ 4.1.2.3　人権問題によるリスク

○ 4.1.2.3.1　途上国における人権の実態

　人権とは，すべての人に与えられている平等の権利である。途上国での企業活動が人権に悪影響を及ぼし，人びとをより深い貧困に追いやる場合も少なくない。2010年11月にあらゆる組織の社会的責任についてのガイダンス規格であるISO 26000が発行されて以来，人権に対する国際的な取り組みが厳しくなってきた。企業は，途上国での事業上のリスクを防ぐために，人権問題に取り組まなければならず，海外の自社工場はもちろん，製造委託先工場であっても同じことがいえる。

　製造委託における人権問題として，スポーツ用品メーカーであるナイキ（Nike）社の「スウェット・ショップ（Sweatshop，搾取工場）問題」が有名である。ナイキが，製造委託をしていた韓国系企業で起こった事件である。この韓国系企業のインドネシア，ベトナムなどにあった東南アジアの製造委託先工場で，強制労働，児童労働，低賃金労働，長時間労働，セクシャルハラスメントの問題があるとNGOにより暴露され，同社に対してアメリカを中心にインターネットによる反対キャンペーンが起き，同社製品の不買運動，訴訟問題にまで発展した。

　これは，ナイキが有名スポーツ選手を使った宣伝戦略によって，宣伝広告費が収益を圧迫したために，製造単価の引き下げを韓国の製造委託先工場に求めたために起きている。1970年代半ばから韓国で製造を行ってきた

韓国の製造委託先工場は，韓国内での製造を取りやめ，製造コストを削減しようとして1980年代後半から東南アジアに製造拠点を移し，生産性アップのために労働強化を強要し，ノルマの割当て，暴力や非人道的な罰則などを強いた[11]。

　ナイキは，1997年までは，このような問題に対し，労働搾取は製造委託先工場の問題であって，ナイキ側に責任はないと主張し，製造委託先工場も改善を行わなかった。しかし，社会からの批判から，同社は1998年から製造委託先工場の労働環境を改善するための取り組みを始め，1999年から製造委託先工場の調査を行い，労働環境の改善に取り組むようになり，それ以来同社のCSR評価は比較的に高くなってきた。しかし，同社は製造を途上国の工場に委託することで，より多くの利益を上げ成長してきたし，今でもその考え方に変わりはない。発注額の低さに問題があり，発注額を上げない限り，製造委託先工場の労働者の生活を良くすることはできない。

　また，㈱ユニクロの製造委託先工場における事件も有名である。香港を拠点とする労働NGOであるSACOM（Students and Scholars Against Corporate Misbehaviour）及び中国の労働問題に取り組むLAC（Labour Action China，中国労働透視），東京に本拠を置く人権NGOであるヒューマンライツ・ナウが，ユニクロにニット生地とアパレル製品を供給している中国の主要な製造委託先工場である広東省広州市南沙区に工場があるPacific Textiles社と，同じ広東省東莞市に工場があるDongguan Luenthai Garment社の2か所に潜入して，2014年の7月－11月にかけて労働環境の実態について調査を行って，人権侵害，労働者搾取の実態を明らかにした。2015年1月に公表された内容を見ると，不当な低賃金，過重な時間外労働，残業代の未払い，危険な労働環境，罰金による罰則規定の上に，問題を民主的に解決するための仕組みがないとのことであった[12]。

　これに対して，ユニクロは直ちにほとんどの事実を認め，両工場で過重な労働時間を見直すこと，そのために発注数・納期を再検討すること，安全な労働環境を実現すること，罰金制度をなくすことなどを公表した。しかし，実現可能なワークプランまでは触れてなく，守らない約束になって

しまうことが危惧された。また，買い取り価格を見直すことに関する内容が一切なく，場合によっては労働者の仕事が減るだけの事態にもなりかねない。根本的な問題の1つは単価が安すぎることにあるので，そこが是正されることなく労働者の生活が向上することはあり得ないとのことであった[13]。

　このような実態は，ユニクロだけでなく，同業他社においても同じことがいえる。企業が利益を上げる過程の中で，コストを重視するあまり，取引先に契約時に契約金額などで無理な条件を強いると，結局は労働者に過酷な労働環境を強いることになる。

　最先端の流行を低価格で提供するファストファッションは，コストを抑えるために低賃金を求めて貧しい国で生産しており，その生産現場にさまざまな弊害をもたらしてきた。途上国の環境汚染の第1の原因は企業活動にあり，製造委託先工場は少しでもコストを抑えようと環境対策を怠るので，発注元の大企業は製造委託先工場の環境汚染を監視し，問題が見付かれば是正する責務がある。製造委託先工場に直接是正を求めても，資金難で受け入れてもらえないためである。

　国や地域別に対応するのではなく，最も厳しい法規制に合わせた，自社独自の統一されたグローバルルールを策定して対応することによって，リスクを減らすことができる。一番影響力があるのはブランド企業であり，自社のビジネスを持続可能にするためには，サプライチェーンの管理を強化しなくてはならない。ハードロー（法律・法令・条例など）に留まらず，ソフトロー（規範）の認識が不可欠である。しかし，製造委託先工場における問題が明らかになると，その取引を中止する傾向があり，根本的な問題解決になっていない。

4.1.2.3.2　日本企業の人権関連の悩み

　日本企業の中には，人権について何をしたら良いか，どう取り組めば良いかがわかっておらず，社内を説得できるほど人権に取り組む理由が明確ではないとの声がある。その上，経営陣の理解も進まず，CSR担当部門だけではその企業の人権問題のすべてをカバーすることができないために，全

社活動に至っていないところがある。どうやって製品ができたかというプロセスに対する意識が欠けているためである。

　持続可能な調達を求める世界の動きとして，資源枯渇，NGOの厳しい目，投資家の格付け，国際ビジネスと人権に関する指導原則，紛争鉱物規制，TPP（Trans-Pacific Partnership，環太平洋パートナーシップ）合意事項などを挙げることができる。

　2015年6月7日−8日にドイツのエルマウで開催された主要国首脳会議（通称エルマウ・サミット）では，責任あるサプライチェーンが首脳宣言に盛り込まれた。G7諸国は，安全でなく劣悪な労働条件は重大な社会的・経済的損失につながり，環境上の損害に関連するとし，世界的なサプライチェーンには労働者の権利，一定水準の労働条件及び環境保護を促進する重要な役割があるとした。人権に関する実質的な国別行動計画を策定する努力を歓迎し，民間部門が人権に関するデューディリジェンスを履行することを要請した。こうした世界潮流の背景には，資源の枯渇とサプライチェーン問題の深刻化がある。

　企業は，調達方針を定めてサプライヤーを管理する動きに乗り出しており，製品レベルでは認証制度を利用している。機関投資家によるESG（Environment，Social，Governanceの頭文字）評価は，企業のサプライチェーンにも目を光らせており，持続可能な調達をしなければ，今後，痛い目に合う危険性もある。持続可能な調達に関するガイダンス規格であるISO 20400が2017年夏まで発行する見通しであり，調達に関する取り組みはさらに厳しくなるであろう。

　国際社会における人権問題について，グローバル化から日本企業には関係ないとはいえない状況になっている。日本企業も，世界の動きに遅れないよう対応を進めている最中である。人権のための取り組みは，企業規模や業種によって重要な部分が異なるので，リスクの大きさや緊急性などから優先度を決めて進めばよい。

　経済活動のグローバル化の進展の中で，地球環境問題に対する関心が高くなり，国際的な人権意識が向上するなど企業が社会に果たすべき責任の重要性が高まってきている。企業の活動が，国内的にも国際的にもさまざ

まなところに及び，社会に及ぼす影響が大きくなっているためである。

▌4.2 環境経営関連報告書

■ 4.2.1 環境報告書からサステナビリティレポートへ

　企業は環境を利用するものとして，社会に対する説明責任を果たすために環境報告書を発行している。企業が，事業活動において，環境にどのような負荷を与え，その軽減のためにどのような取り組みを行っているのかという情報開示を環境報告書で行っている。

　ISO 14001が1996年9月に発行されて以来，環境問題に対する取り組みが本格化するとともに，環境報告書の作成に取り組む企業が増えてきており，2000年代に入ってからは環境経営を強く認識するようになったことで環境経営報告書を作成するようになった。2000年代半ばからは企業不祥事などを背景に企業の社会的責任が問われたことで，その影響を受けて名称としてCSR報告書が一般的になってきており，2000年代後半になってからはCSR報告書だけでは頁数が少なくて環境経営関連情報をきちんと伝えることかできなくなってきたことで，CSR報告書と環境経営報告書の両方を作成する企業が出てきた。また，2010年11月にあらゆる組織の社会的責任に関するガイダンス規格であるISO 26000の発行以来，持続可能な発展を意識したことで，サステナビリティレポートという名称が多くなってきた。

　このような傾向は，たとえば，日立グループでも，1998年に「環境報告書」を発行して以来，2003年より「環境経営報告書」を，2005年よりCSR報告書を，2009年より「環境経営報告書」と「CSR報告書」を発行し，2011年より「サステナビリティレポート」と名称が変更されたことからもうかがえる。

　図表4-1は，環境省の調査による環境報告書を作成・公表している企業数及びその割合である。2014年の有効回答数1,400社のうち，「環境報告書を作成・公表している」と回答した企業が39.4％となっており，前年度と

図表4-1　環境報告書を作成・公表している企業数及びその割合

		2003年	2004年	2005年	2006年	2007年	2008年
上場	件数	478	510	570	590	562	633
	％	38.7	45.3	47.0	51.8	48.9	51.6
非上場	件数	265	291	363	459	449	527
	％	17.0	20.8	24.6	28.0	26.9	29.3
合計	件数	743	801	933	1,049	1,011	1,160
	％	26.6	31.7	34.7	37.8	35.9	38.3
		2009年	2010年	2011年	2012年	2013年	2014年
上場	件数	624	579	565	266	335	278
	％	54.6	56.0	59.5	71.1	69.4	65.4
非上場	件数	467	489	451	248	258	273
	％	24.7	25.9	24.4	31.5	25.5	28.0
合計	件数	1,091	1,068	1,016	514	593	551
	％	35.9	36.5	36.4	44.3	39.6	39.4

注：％は各年度の有効回答数に対する割合。
出所：環境省［2016］「環境にやさしい企業行動調査結果（平成26年度における取り組みに関する
　　　調査結果）［詳細版］」http://www.env.go.jp/policy/j-hiroba/kigyo/h26/full.pdf（2016年5
　　　月1日）157頁。

ほぼ同じとなっている。売上高が1千億－5千億円で約8割，5千億－1兆円及び1兆円以上の企業ではそれぞれ9割以上と高くなっている。一方で，「作成していない」は総じて売上高が低いほど高くなっている[14]。規模の大きな企業では，説明責任の認知が浸透している上に，資金及び人的資源を投入できるということで比較的に取り組みが進んでいるが，規模が小さくなるにつれ資金及び人的資源の不足，環境配慮などの取り組みや環境報告の方法がわからないなどの要因から取り組みが進んでいない。取り組みが進んでいない企業には，信頼できる情報の開示を促進するための基盤を構築する必要がある。

　日本企業による環境報告書は，国連環境計画（UNEP: United Nations Environment Programme）の公認団体で非営利団体であるGRI（Global Reporting Initiative）の「サステナビリティレポーティングガイドライン（GRI Sustainability Reporting Guidelines, 通称GRIガイドライン）」と，環境省の「環境報告ガイドライン」を参照して作成されている。

　GRIは，2000年6月に第1版を発行して以来，2002年8月に第2版を，2006年10月に第3版を，2011年3月に第3.1版を，2013年5月に第4版を発行した。組織が，透明性を高めて説明責任を果たし，経済，環境，社会面でのパフォーマンスや影響を報告するための枠組みを示したものである。GRIによる第4版では，報告企業にとってより重要（マテリアリティ）となる分野を特定して，その特定項目を深く報告すること，なぜその分野を特定項目として定めたのかの理由を開示することが求められている。[15] 企業としてのマテリアリティを特定しなければならなくなったことで，サステナビリティ担当部門は経営トップとのより密なコミュニケーションが求められるようになってきた。

　環境省は，1997年6月の「環境報告書作成ガイドライン：よくわかる環境報告書の作り方」の策定以降，2001年2月に2000年版を発行し，それ以来，2004年3月に2003年版を，2007年6月に2007年版を，2012年4月に2012年版を発行してきた。環境省による2012年版は，環境配慮型経営の定義や方向性を明確にし，かつ環境マネジメントなどの環境配慮型経営に関する記述情報を大幅に追加した。[16]

　環境報告書は，書く内容が決められていないため，何を書いたらよいかがわからなくて，日本企業はGRIと環境省のガイドラインを参照しながら作成している。日本企業が環境報告書を作成する際に，従来は環境省のガイドラインを参照する企業が多かったが，2011年3月にGRIの「サステナビリティレポーティングガイドライン第3.1版」が発行されて以来，GRIのガイドラインを主として参照することが多くなってきた。GRIのガイドラインは，環境省のガイドラインと異なって，環境面だけでなく，人権，労働，腐敗防止などについても触れているためである。

　環境報告書によって，事業者は事業活動における環境配慮の取り組み状況に関する説明責任を果たすとともに，利害関係者の意思決定に有用な情報を提供している。環境報告書による情報公開のメリットは，ステークホルダーに対する説明責任や社会的責任を果たしていると評価される上に，組織構成員にその情報が共有されるため組織の環境意識を高めることができ，数量データを測定することによって環境の現状把握や目標策定が容易

である点にあると評価されている。環境報告書の中の経営トップの言葉によって，従業員がその趣旨を理解し，それに追随して自社の環境経営が進み，社会に対するコミットメントになるのである。

■ 4.2.2　統合報告書の作成が加速化

　企業の財務・非財務の情報がさまざまな形で提供されることによって，情報過多による複雑性が増した上に，情報が相互に関連付けられていないため，投資の意思決定に何が重要なのかの判断が難しくなってきた。また，2007年夏に表面化した低所得層向け住宅ローンであったサブプライムローン問題に端を発し，2008年9月15日にアメリカ第4位の証券会社であったリーマン・ブラザーズ（Lehman Brothers）が経営破綻し，それが引き金となって，世界的な金融危機及び世界同時不況に陥るというリーマン・ショック以降，投資が短期志向に流れていることに対し，中長期的な視野に立った企業評価や投資が必要とされた。そこで，多くの情報の中で最も重要な要素を選択・整理し，財務情報と非財務情報を関連付けて，簡潔な企業の持続可能性を理解できる新たなコミュニケーションが求められるようになってきたことで，統合報告書（Integrated Report）が注目されてきた。

　そこで，2010年8月に設立された民間組織の国際統合報告評議会（IIRC: International Integrated Reporting Council）によって，2011年9月にディスカッション・ペーパー「統合報告に向けて：21世紀における価値の伝達」が公表され，2013年12月に「国際統合報告フレームワーク（The International Integrated Reporting Framework）」が公表されたことで，統[17]合報告書の作成が日本企業の間で加速している。国際統合報告評議会による統合報告書は，企業が投資家に中長期にわたって価値をどのように創造していくかについて，財務情報と非財務情報を関連付けて報告するものである。

　2014年2月に金融庁によって責任ある機関投資家の諸原則日本版スチュワードシップ・コードが公表されて以来，2014年8月に経済産業省のプロジェクトによる最終報告書である「持続的成長への競争力とインセンティ

ブ：企業と投資家の望ましい関係構築（通称伊藤レポート）」が公表され，
2015年6月からは金融庁と㈱東京証券取引所によってコーポレートガバナ
ンス・コードが適用されるといった統合報告書の普及を後押しする動向な
どにより，今後も発行企業は増加すると予測される。

　ESGコミュニケーション・フォーラムが「国内統合レポート発行企業リ
スト2014年版」を公表したが，2014年に統合報告書発行企業数は142社で
あった。2010年までは低水準であったが，2011年9月にディスカッショ
ン・ペーパーが公表されたことを契機に増加し始めており，2013年12月に
国際統合フレームワークが公表されたことで2014年に一気に増えている。

　たとえば，オムロン・グループは，2012年よりアニュアルレポートと企
業の公器性報告書を統合して，「統合レポート」を作成し開示している。同
グループが，2015年の報告書の作成のために参考にしたのは国際統合報
告評議会の「国際統合報告フレームワーク」の他に，WICI（The World
Intellectual Capital Initiative）ジャパンから企画制作のための協力を得て
いた。

　簡潔さに主眼を置く統合報告書だけでは情報伝達が不十分として，統合
報告書の上に環境あるいはCSR報告書を公表している企業もある。たとえ
ば，川崎重工業グループは，2013年よりアニュアルレポートとCSR報告書
を統合して「Kawasaki Report」を作成しており，さらに環境情報に特化
して「Kawasaki環境報告書」を作成している。

　KPMGジャパン統合報告アドバイザリーグループは，ESGコミュニケー
ション・フォーラムが「国内統合レポート発行企業リスト2014年版」で公
表した，142社のレポートを調査・分析し，調査報告書をまとめた。142社
のうち，東証1部の企業が130社，売上ベースで見ると1千億円以上の企業
が85%と，比較的大規模な企業が取り組んでいることがわかった。統合報
告書の名称については，「会社名＋レポート」が48%，「アニュアルレポー
ト・年次報告書」が45社と大半を占めており，統合報告や統合レポートな
ど直接的な名称を使用した企業も15社あった。国際統合報告評議会の「国
際統合報告フレームワーク」について言及した企業は26%あったし，言及
していない企業においても同フレームワークの考えが反映されている報告

書が散見されるため，フレームワークに一定の関心を持っていることがうかがえた。統合報告書の頁数について，半数の企業が60頁以下で作成しており，簡潔に読みやすくメッセージを伝えようという工夫の表れと考えられた。[21]

　WICIジャパンが，2013年11月に統合報告表彰制度を創設して以来[22]，2015年の「第3回WICIジャパン統合報告表彰」[23]まで，オムロン・グループは初回から3年連続で優秀企業賞を受賞した。事業別を中心にビジネスモデルを上手く説明するとともに，事業選択と事業効率の指標であるROIC（Return On Invested Capital，投下資本利益率＝利益／投下資本）経営2.0を仲立ちに，TSR（Total Shareholder Return，株主総利回り）など株主価値の説明に繋げ，さらにスチュワードシップ・コードとコーポレートガバナンス・コードの新たな動向にもいち早く対応した点などが評価された。

　統合報告書は，組織の全体を物語るものである。統合報告書は，短期・中期・長期的に企業価値をどのように高めていくかについて，統合的思考に基づいて戦略・ガバナンス・実績・見通しなどと結びつけながら，組織の財務・非財務についての重要な情報が何であるかを認識した上で，簡潔に報告することが求められている。

　しかし，現状の統合報告書には，従来のアニュアルレポートなどを主とする財務情報とCSR報告書などを主とした非財務情報を合冊した形式のものが見られる。コストの削減を狙って統合報告書を作成したが，非財務情報の取り入れ方がわからないことに起因していると思われる。読み手を定め，企業がこれまで開示してきた情報の中で重要なものは何かを企業自身が見極め，価値創造のプロセスに焦点を当て，その情報を関連付けて論理的にメッセージ性を持ったストーリーで伝え，その他の詳細な情報はウェブサイトや他の冊子などで伝える必要がある。

■ **4.3** ゆりかごから墓場まで評価するライフサイクル・アセスメント

　ライフサイクル・アセスメント（LCA: Life Cycle Assessment）とは，製品を構成する原材料採取から材料入手，製品製造，使用，廃棄，リサイクルに至る製品のゆりかごから墓場までのすべてを範囲として，製品が及ぼす環境負荷や環境影響を定量的に評価するためのツールである。このツールを利用することで，製品が環境的に優れているのか，製品の環境負荷を効果的に削減するために優先して検討しなければならないことは何なのかなどがわかるようになる。

　日本では，1996年9月に環境マネジメント・システムであるISO 14001が発行されたことで，環境報告書の作成に取り組む企業が増えてきており，環境報告書の中にライフサイクル・アセスメントが取り入れられるようになってきた。このような結果，ライフサイクル・アセスメント関連研究は，1990年代半ばから本格的になり，2000年代に入ってから進展してきた。ライフサイクル・アセスメントは，国際標準化機構において，2006年6月に発行されたISO 14040（原則及び枠組み）とISO 14044（要求事項及び指針）で規定されている。

　ライフサイクル・アセスメントのために，JEPIX（Environmental Policy Priorities Index for Japan）と，LIME（Life-cycle Impact assessment Method based on Endpoint modeling）が多く使われている。

　JEPIXは，スイスの環境希少性評価手法を応用して，科学技術振興財団と環境経営学会によって2003年に公表された「日本版環境政策優先度指数」である。初期バージョンから改良を繰り返し，現在は2010年版のJEPIX 2010が出でいる。

　JEPIX2010は，400種類以上の物質を評価対象にし，温室効果ガスや有害大気汚染物質など種類の異なる環境負荷の規制値と実際の企業の排出量との乖離から，物質ごとに影響度を示す重み付け係数を算定し，最終的に環境影響ポイント（EIP: Environmental Impact Point）と呼ばれる単一指

標として数値化している。

　環境負荷量の統合化のために開発された統合化係数をベースとし，企業の各環境負荷物質の排出量を入力することにより，環境側面別の環境負荷量（環境影響ポイント）と，それらの合計の総環境負荷量（総環境影響ポイント）を算出することができる。単に統合化した総環境負荷量を算出するだけでなく，複数の案件や事例の比較において，定量的に代替案などとの総環境負荷量の比較が可能である。

　JEPIX手法は，三洋化成工業グループなどが用いている。同グループでは総環境負荷量を算出しており，付加価値として生産金額を用いて算出している[24]。

　また，LIMEは，（独法）産業技術総合研究所ライフサイクル・アセスメント研究センターが開発したもので，2005年に公表された。日本国内で発生した環境影響を評価する「日本版被害算定型環境影響評価手法」である。LIME 1を改良して，2008年にLIME 2が公表されており，海外での影響評価を可能にすることを目指して，2011年よりLIME 3の開発をスタートさせている。

　LIME 2は，すべての影響領域を対象として推奨する特性化係数リストを提示している。人間の健康，社会資産，生物多様性，一次生産の4項目を保護対象として定義し，単位あたりの環境負荷に対する被害量の期待値を被害リストとして提示している。また，保護対象4項目の重み付け係数を算定するとともに，この結果を被害係数に適用した結果を統合化係数として提示している。

　15項目の影響領域の中から重要なものを選択し，これらに集中した分析を行うことで，効率よく目的に合致した評価結果を得ることができる。特性化，被害評価，統合化の中から1つ，あるいは複数のものを選択することができる。また，統合化の結果は外部費用で表されるため，ライフサイクル・アセスメントのみならず，環境効率，環境会計などにも利用されている。

　LIME手法は，東芝グループなどが用いている。同グループでは，投入された資源・エネルギーと排出された温室効果ガス，化学物質など環境負

荷が及ぼす環境影響について，LIME手法を用いた環境影響評価を実施している[25]。

　JEPIXとLIMEの2つの統合評価を用いているのは，電源開発グループ，大正製薬グループ，ブリヂストングループなどである。たとえば，大正製薬グループは，事業が環境に与える影響を定量的に把握するため，種類の異なる環境負荷について統合的に把握し，企業活動が環境にどの程度影響を与えているのかを分析・評価するため，JEPIXとLIMEの2つの指標を用いて，環境影響評価を実施している。原単位環境負荷量は，原単位環境負荷量（JEPIX）＝総環境負荷量（EIP）／事業活動の成果（売上高）で評価し，次にLIME 2によって環境効率（LIME）＝事業活動の成果（売上高）／環境影響（LIME 2により算出した環境負荷金額）から環境負荷低減に取り組んでいる[26]。

　ライフサイクル・アセスメントは，本来，環境影響を効果的に削減するための情報を得るのに実施されるものである。しかし，自社製造の環境優位性を示すためのツールとして利用される傾向がある。

　持続可能な発展のためには，資源の消費や環境負荷物質の排出をできるだけ少なくする必要がある。ライフサイクル・アセスメントを用いて，エコデザインによる環境配慮型製品の開発が可能になり，製品の環境情報をもとに環境に優しい製品を選択するグリーン購入が推進され，環境負荷が少ないものを優先的に調達するグリーン調達の実現につながっている。

▍4.4 環境に配慮したエコデザイン

　エコデザイン（Eco-Design）は，環境配慮型設計（DfE: Design for Environment）ともいい，持続可能な発展のために，製品のライフサイクル全体にわたって環境側面を組み込んだ製品設計と製品開発の考え方である。

　エコデザインにおいては，環境への配慮方法として，一般的に省資源，省エネルギー，廃棄物の削減，有害物質の削減を上げることができる。資源

有効利用促進法によるリサイクルの義務付け，EUなどによる化学物質関連規制などの影響を受けて推進されている。特に，製品使用時の省エネルギーのための対応によって，コスト削減につながるため，製品としてのアピールがしやすいことからも進んでいる。タイプⅠ・Ⅱ・Ⅲの環境ラベルが利用されており，化学物質管理のためのデータ収集はサプライチェーン全体で行われている。

たとえば，セイコーエプソン㈱は，2000年度から省エネルギー性，省資源性，リサイクル容易性，化学物質安全性などを考慮した環境配慮型設計の仕組みを取り入れている。たとえば，インクジェット複合機の場合，2014年のEP－807AW/AB/AR（EP－807Aシリーズ）は，2009年のEP－802Aに比べ，使用部材を減らして，約39％小型化し，約29％軽量化している。また，個装箱は約23％小型化し，コンテナ積載率を約31％向上させ，輸送効率の向上にもつなげている。さらに，過去の機種に比べ，大幅な小型化や消費電力量の削減により，製品ライフサイクルにおける地球温暖化にかかわる環境負荷を約24％削減している。

エコデザインを成功させるためには，持続可能な発展の実現に向けて，製品開発と環境保全という考え方を融合させる必要がある。エコデザインのために，ライフサイクル・アセスメント，化学物質データベースを利用することが多い。

▌4.5 グリーン購入・グリーン調達

■ 4.5.1 環境に優しいグリーン購入

グリーン購入とは，購買者が部品や製品などの購入に際して，環境負荷の少ない部品・製品などを購入することである。これは，枯渇性資源の使用を減らし，地球温暖化の原因とされる二酸化炭素の排出量を減らすために実施されている。

グリーン購入関連の取り組みとして，環境ラベル運動が各国で展開され，

図表4-2　タイプ別環境ラベルの一例

タイプⅠ　環境ラベル

日本のエコマーク
（1989 年）

アメリカのグリーンシール
（1989 年）

EU の EU エコラベル
（1993 年）

ドイツのブルーエン
ジェル（1978 年）

中国の中国環境表示計画
（1994 年）

韓国の韓国環境ラベル
プログラム（1992 年）

タイプⅡ　環境ラベル

パナソニックグループの環境ラベル「eco ideas」（2007 年 4 月）

NEC の環境ラベル
「エコシンボル」
（1998 年 12 月）
ハード製品

「エコシンボル
スター」
（2008 年度）
ソフトウェア
／サービス

タイプⅢ　環境ラベル

日本のエコリーフ環境ラベル
（2002 年 4 月）

スウェーデンの環境製品宣言
（1998 年）

出所：環境省，各団体，各企業のホームページ。

環境ラベル製品の購入の動きが見られる。環境ラベルは，消費者に環境負荷の少ない製品やサービスを選んでもらうために，製品や包装，広告などに付けられたマークである。環境ラベルは，国ごとに文化，習慣などの違いにより，制度の内容が異なっている。

図表4-2のように，環境ラベルには3つのタイプがある。タイプⅠは，環境ラベルの国際規格であるISO 14024（1999年4月発行）で規定されており，第三者認定が基本で，基準に対し合格／不合格を第三者が判定し，製品分類と判定基準を運営機関が決め，事業者の申請に応じて審査し，マーク使用を認可している。ドイツで1978年に「ブルーエンジェル」が世界で最初に導入されており，日本では㈶日本環境協会によって1989年に導入された「エコマーク」がこれにあたる。消費者が製品を選ぶ際に，シンボルマークがついているかいないかで判断すれば良いので，わかりやすい。

タイプⅡは，環境ラベルの国際規格であるISO 14021（2016年3月発行）で規定されており，事業者の自己宣言による環境主張が基本で，製品の環境改善を市場に対して独自に主張し，宣伝広告にも使用し，第三者による判断は入らない。ラベルのマークは，各事業者が自由にデザインできる。たとえば，パナソニックグループによって2007年4月に導入された「eco ideas」がこれに該当する。同社は，他社より自社の過去データと比べた方が正確な情報を提供できると考え，環境配慮型製品に付けてきた。第三者認証を必要としないので，このタイプの環境ラベルが信頼できるかどうかは，環境主張をする企業と選択をしようとする消費者の間で主張の確認をすることになる。

タイプⅢは，環境ラベルの国際規格であるISO 14025（2006年6月発行）で規定されており，定量的製品環境負荷データの開示が基本で，合格／不合格の判定はせず，エネルギー使用量，温室効果ガス排出量，廃棄物の量など定量的環境負荷データを開示し，評価は読み手に委ねているが，製品カテゴリー間での比較は容易である。スウェーデンで1998年に導入された環境製品宣言[27]がこれにあたり，日本では（一社）産業環境管理協会によって2002年4月に導入された「エコリーフ環境ラベル」がある。このラベルは，新製品や改良プロセスを従来品や従来プロセスと比較した結果の相対比較

などの配慮が十分に行われたデータを公開している。また，データ表示は，その製品が環境に配慮していることを示すものではなく，環境に配慮しているかどうかは，購買者や消費者の判断に任されている。

　循環型社会の形成のためには，再生品などの供給面の取り組みに加え，需要面からの取り組みが重要であるという観点から，2000年5月に「循環型社会形成推進基本法」の個別法の1つとして「国等による環境物品等の調達の推進等に関する法律（通称グリーン購入法）」が制定された。同法は，国などの公的機関が率先して環境負荷低減に役立つ製品・サービスの調達を推進するとともに，環境負荷低減に役立つ製品・サービスに関する適切な情報提供を促進することにより，需要の転換を図り，持続的な発展が可能な社会の構築を推進することを目指している。

　2001年2月には，グリーン購入法第6条で規定された「環境物品等の調達の推進に関する基本方針」が閣議決定され，特定調達品目として101品目が定められた。特定調達品目及び判断の基準は，適宜見直しが行われており，2015年度の特定調達品目は270品目となった。

　グリーン購入を進めていくためには，環境ラベルなどのさまざまな情報を上手に活用して，できるだけ環境負荷の少ない製品を選んでいくことが重要である。これは，購買者自身の活動を環境に優しいものにするだけでなく，企業に環境負荷の少ない製品の開発を促すこともできる。

■ 4.5.2　環境負荷の少ないグリーン調達

・ 4.5.2.1　EUの化学物質関連規制

　グリーン調達とは，納入先企業が，環境負荷の少ない材料・部品や環境負荷の少ない生産方法の材料・部品を環境配慮のために積極的に取り組んでいる企業から優先的に調達することである。これは，資源消費を節約するため，あるいは有害性の高い化学物質の排出を避けるために導入されている。

　EUでは，資源の有効利用や環境保護への取り組みが進んでおり，国際的な環境規制に多大な影響を与えている。環境への影響を軽減することを目

的に，有害化学物質使用関連の規制として，たとえば，ELV（End-of-Life Vehicles）指令では，使用済み自動車の解体，リサイクル率，回収ネットワークや環境負荷物質に関する規制，自動車排ガス規制などが定められている。それで，2003年7月以降に市販される車両の材料，部品に，原則として鉛，水銀，カドミウム，六価クロムの使用が禁止されている。

　また，EUのRoHS（Restriction of the use of certain Hazardous Substances in electrical and electronic equipment）指令は，電気電子機器に関する特定有害物質の使用制限に関する指令である。2006年7月から電気・電子機器に鉛，水銀，カドミウム，六価クロム，ポリ臭化ビフェニル（PBB），ポリ臭化ジフェニルエーテル（PBDE）の6物質の使用が禁止された。これは，大型家庭用電気製品，小型家庭用電気製品，IT及び遠隔通信機器，民生用機器，照明装置，電動工具，玩具に適用されることになった。

　RoHS指令は，改正され，医療用機器は2014年7月から，体外診断用医療機器は2016年7月から，監視・制御機器は2014年7月から，産業用監視・制御機器は2017年7月から，その他の電気電子機器は2019年7月から新しく適用されるようになった。これとともに，非含有のためのEU適合宣言の作成が義務化され，CEマーキング[28]を既存の対象製品については2013年1月3日から，新しい対象製品についてはそれぞれの適用開始日に貼付することになった。

　RoHS指令は，再び改正され，フタル酸ジ(2-エチルヘキシル)（DEHP），フタル酸ブチルベンジル（BBP），フタル酸ジ-n-ブチル（DBP），フタル酸ジイソブチル（DIBP）という4物質の使用が新たに禁止され，大型家庭用電気製品，小型家庭用電気製品，IT及び遠隔通信機器，民生用機器，照明装置，電動工具，玩具，自動販売機は2019年7月22日から，医療用機器，監視及び制御機器は2021年7月22日から，その他の電機・電子機器は2019年7月22日から適用されることになった。

　さらに，EU の REACH（Registration, Evaluation, Authorization and Restriction of Chemicals）規則は，化学物質の登録・評価・認可・制限に関する規則である。2008年6月以降，化学物質をEU域で年間1t以上製造，または輸入する場合は登録を行うことが義務付けられた。化学物質を，年

間1t以上製造または輸入する場合は技術一式文書を，年間10t以上製造または輸入する場合は技術一式文書に加え化学物質安全性報告書の提出が必要になった。

　これは，リスク評価や安全性の保障責任を産業界に移行させ，有害化学物資の情報をサプライチェーン全体に伝達し，より危険性の少ない物質への代替を奨励するためである。特に，自動車，電気電子機器は部品点数が多大で，さまざまな材料，物質を使用していることから，サプライチェーン全体にわたって有害物質の非含有を管理することが製造者の責任になっている。

　このようなEUと類似の規制が，中国や韓国，東南アジアなどで相次いで導入されている。部品や原料にどのような物質が含まれているのかといった情報を，サプライチェーンの川上から川下まで確実で効率的に伝達することがますます重要になってきている。製品を販売する世界各国の環境規制に対応するため，日々納入される部品の品質管理を徹底し，サプライチェーン全体にわたる化学物質管理体制を構築しないといけない。2001年10月のソニーの家庭用ゲーム機でカドミウムが検出された事件のように，サプライヤーに確認するだけでは規制対応は不十分である。

• 4.5.2.2　日本の化学物質関連規制に対する対応

　製品に含まれる化学物質に関して，世界的に規制が強化されている。人や環境にとって有害な化学物質については，製造・輸入から使用，廃棄に至るまで，そのリスクに応じた規制を行っていくことが必要になってきている。国際的な動向を先取りし，有害化学物質の削減への取り組みを進めることで，世界市場で生き残れるのである。

　日本では，1968年10月に発生したカネミ油症事件を契機に[29]，1973年に「化学物質の審査及び製造等の規制に関する法律（通称化審法）」が制定され，2009年5月の3回目の改正により，2010年4月及び2011年4月から段階的に制度が移行された。有害化学物質による人や動植物への悪影響を防止するため，化学物質の安全性評価にかかわる措置を見直すとともに，国際的動向を踏まえた規制合理化のための措置などが講じられた。

国や機関によって化学物質関連規則が異なっていたために，2003年7月に GHS（Globally Harmonized System of Classification and Labelling of Chemicals，化学品の分類及び表示に関する世界調和システム）は，国際連合の勧告により，化学品の危険有害性（ハザード）ごとに分類基準及びラベルやSDS（Safety Data Sheet，安全データシート）の内容を調和させ，世界的に統一されたルールとして提供されるようになった。GHS は，2003年に初版，2005年に改訂初版，2007年に改訂2版，2009年に改訂3版，2011年に改訂4版，2013年に改訂5版，2015年に改訂6版が発行された。

　EU などの有害化学物質使用関連の規制に対応するために，日本では，（一社）電子情報技術産業協会（JEITA: Japan Electronics and Information Technology Industries Association）の環境安全委員会が中心となり，2001年1月に JGPSSI（Japan Green Procurement Survey Standardization Initiative，グリーン調達調査共通化協議会）という組織を立ち上げたが，2012年5月をもって発展的に解消された。JGPSSIによって，他の団体らとともに，JIG（Joint Industry Guide）が開発された。

　一方，日本の化学物質を製造する原料メーカーや部品メーカーなどを中心に2006年9月にJAMP（Joint Article Management Promotion-consortium; アーティクルマネジメント推進協議会）が発足し，産業界全体でのサプライチェーンにおける適切な情報伝達を国際的に推進することを目的として運営されている。JAMPによって，化学品の「MSDSplus」と成形品の「AIS」が開発された。

　日本では，旧JGPSSI，JAMPの方式に加え，独自の情報伝達方式があるため，中小の部品メーカーは取引先に合わせてさまざまな方式で含有物質の情報を提供しなければならず，手間とコストがかかっていた。そこで，経済産業省の主導により，旧JGPSSI とJAMPの方式を折衷したサプライチェーン全体で利用可能な，製品含有化学物質情報伝達スキーム「chemSHERPA（ケムシェルパ）」が開発され（成形品ツールと化学品ツール），2015年10月より運用が開始されている。

　2016年4月12日現在，「chemSHERPA」には98の企業が賛同している。[30] たとえば，キヤノン㈱は，2017年前半に「chemSHERPA」に移行する予

定と表明している。2016年4月よりJAMPが「chemSHERPA」の運営組織となり，JAMPの現行スキームにおける物質リストの更新は2017年度で終了し，2018年度中に「chemSHERPA」に完全移行する方針である。

　持続可能な社会のために，化学物質の適正な管理が求められており，そのためには川上，川中，川下間の連携と情報共有が重要で，国内だけでなく国際的な枠組みで取り組まなければならない。

• 4.5.2.3　日本企業の化学物質関連規制に対する対応

　化学物質関連規制に違反すれば，製品の回収，ブランドや企業価値の低下などの多大な影響を被ることになる。たとえば，㈱ソニー・コンピュータエンタテインメント（2016年4月より㈱ソニー・インタラクティブエンタテインメント）の家庭用ゲーム機「PS one」が，オランダ税関で製品の陸揚げを差し止められた有名な事件がある。本体とコントローラを接続するケーブルの被覆材から，基準値以上のカドミウムが検出されたのである。

　ソニーは，2001年10月19日にオランダ税関が検査を実施することは，数週間前に告知を受けていたため事前に知っていたが，サプライヤーに対する56物質の含有量調査のリストを当たったところ，カドミウムの含有はゼロと書いてあったために心配していなかった。オランダ税関は，蛍光X線分析（XRF: X-ray Fluorescence Analysis）によって，実際に現品を測定した結果，基準を超えるカドミウムが検出された。オランダでは，1999年から電気製品などの顔料に使うカドミウムの含有量は0.01％未満と規制されていたので，これに引っかかったのである。この事件を契機に，調達した部材1つひとつに本当に有害物質が入っていないかは，単なる含有量調査のアンケートだけでは判断できないことがわかった。

　この事態により，ソニーは欧州向け製品130万台の出荷を2か月間延期し，基準を超えるカドミウムが検出されたケーブルを新たなケーブルに交換したことで，クリスマス商戦を逸し，売上高が約130億円と，部品交換の費用で約60億円の損失を出す見通しとなった。[31)]

　この出来事を契機に，ソニーは技術標準として，2002年に「部品・材料における環境管理物質管理規定」を定め，使用禁止や削減を図る環境管理

物質とその用途を明確にし，同年からこれを施行した。それ以来，継続的に改訂が行われており，2015年7月に第14版が出て，同年8月に施行されている。これらの基準・規定の遵守のための運用制度として，「グリーンパートナー環境品質認定制度」を導入している。

　ソニー製品に搭載する原材料・部品については，2003年4月以降，ソニーがグリーンパートナーとして認定したサプライヤーからのみ調達している。グリーンパートナー認定は，サプライヤー契約の開始・継続の前提条件であり，認定後も2年ごとに更新を行っている。サプライヤーとの連携によるものづくりでは，化学物質に対するリスクをゼロにすることはできない。リスクが存在することを前提に，柔軟に取り組む必要がある。

　製品を環境の観点から確認するためには，情報の共有化がなくてはならない。サプライヤーにとっては，納入先企業ごとにさまざまな要求事項があるため，対応が大変である。所属する業界団体などとの協同的な取り組みが求められる。サプライヤーとともに取り組むことで，納入先企業とサプライヤーの両方にとって事業拡大の機会が創出され，リスクを回避することが可能になる。企業は，サプライチェーン全体にわたって化学物質の管理に取り組まなければならないので，その責任範囲は拡大していくばかりである。国や地域によっても有害化学物質に対する規制が異なるので，輸出を行う場合は自社製品の輸出国の規制をすべて網羅した自主基準を設ける必要がある。

　グリーン購入・グリーン調達は，環境保全を目的とした物品を購入する際の目安になっている。グリーン購入は，環境負荷の少ない物品購入を勧めると同時に情報の提供を行うもので，有害物質の規制ではなく，二酸化炭素排出量が少ない製品，リサイクルが容易な製品が求められている。また，グリーン調達は，有害化学物質規制に対応するためのもので，材料や部品の調達時に，自社製品に規制対象物質が混入することを防止するためのものである。

▌4.6　環境会計

■ 4.6.1　環境会計とは

　環境会計は，従来，企業の財務分析の中に反映されにくかった環境保全のためのコストと，その活動により得られた経済効果を正確に把握するためのものである。企業にとっては，環境会計を作成することで，自社の環境保全のための取り組みを定量的に示し，その結果経済効果を向上させることが可能になった。

　環境庁（2001年の中央省庁再編により，環境省へ昇格）は，1996年に環境保全コストの把握に関する検討会を設置して，ここでの調査検討を踏まえた成果として，1999年3月25日に「環境保全コストの把握及び公表に関するガイドライン：環境会計の確立に向けて（中間とりまとめ）」を公表し，2000年5月に2000年版を発行して以来，2002年3月に2002年版が，2005年2月に2005年版が発行された。これらの影響を受けて，日本企業による環境会計の導入が急増してきたが，現在のところ，広く普及しているとはいい難い。

　日本企業による環境会計の作成が広く普及していないのは，環境省のガイドラインが古いことにも原因がある。ガイドラインは必要に応じて更新しないといけないが，環境省の環境会計ガイドラインは2005年の最終版以来，改訂が行われていない。外部環境の変化を踏まえ，環境会計ガイドラインの改訂が行われるべきである。

　図表4-3は，環境省の調査による環境会計の導入企業数及びその割合である。2014年の環境会計の導入状況については，「導入している」と回答した企業が21.5%となっており，「導入していない」と回答した企業は59.4%とほぼ半数となっている。また，「環境会計自体を知らない」と回答した企業は12.7%となっている。上場，非上場で見ると，非上場企業に比べ上場企業の方が「導入している」は高くなっており，「導入をしていない」の回答数は少なくなっている。また，「環境会計自体を知らない」と回答した企業は，上場企業の4.5%に対し非上場企業で16.3%と，11.8ポイント高くな

図表4-3　環境会計の導入企業数及びその割合

		2005年	2006年	2007年	2008	2009年	2010年	2011年	2012年	2013年	2014年
上場	件数	455	453	428	447	427	406	390	185	250	192
	%	37.5	39.8	37.2	36.4	37.4	39.3	41.1	49.5	51.8	45.2
非上場	件数	335	366	333	358	344	324	262	119	145	109
	%	22.7	22.4	20.0	19.9	18.2	17.2	14.2	15.1	14.3	11.2
合計	件数	790	819	761	805	771	730	652	304	395	301
	%	29.4	29.5	27.0	26.6	25.4	25.0	23.3	26.2	26.4	21.5

注: %は各年度の有効回答数に対する割合。
出所: 環境省［2016］「環境にやさしい企業行動調査結果（平成26年度における取り組みに関する調査結果）［詳細版］」http://www.env.go.jp/policy/j-hiroba/kigyo/h26/full.pdf（2016年5月1日）233頁。

っている。売上高別に見ると，売上高が高くなるほど「導入している」が高くなっており，売上高1千億円以上の企業では，「導入している」が4割以上となっている。また，1千億円未満では売上高が減少するほど「環境会計自体を知らない」が増加しており，50億円未満では25.7％となっている[32]。企業規模によって導入状況の差が大きいことがうかがえる。

　環境会計には，マクロ環境会計とミクロ環境会計がある。マクロ環境会計は国や地域を単位とする環境会計で，ミクロ環境会計は企業や自治体などの組織を単位とする環境会計である。狭義に環境会計という場合は，ミクロ環境会計，すなわち企業の環境会計を指すことが多い。

　企業外部への情報開示を目的とするものを外部環境会計といい，財務諸表による情報開示と環境報告書などによる情報開示がある。日本の多くの企業が，外部環境会計の導入から始めたために，一般に環境会計というと，外部環境会計を指すことが多い。また，企業内部での利用を目的とする内部環境会計があり，企業が内部管理のために利用する環境会計ということで，一般に環境管理会計と呼ばれている。

■ 4.6.2　日本企業による環境会計

日本企業による環境会計は，環境省「環境会計ガイドライン」，または

図表4-4　環境会計の構成要素

構成要素	定量的情報	定性的情報
環境保全コスト	貨幣単位	コストの内容
環境保全効果	物量単位	効果の内容
環境保全対策に伴う経済効果	貨幣単位	効果の内容

出所: 環境省［2005］『環境会計ガイドライン2005年版』3頁。

GRI「サステナビリティレポーティングガイドライン」を参照しており，主に環境省のガイドラインを参照して作成されている。

　環境省の「環境会計ガイドライン2005年版」の場合，図表4-4でわかるように，環境保全コストと環境保全対策に伴う経済効果が貨幣単位による評価であるのに対して，環境保全効果が物量単位による評価ということで，単位が統一されていないのが問題である。

　企業が環境保全に取り組んで行くに当たって，自らの環境保全に関する投資額や費用額を正確に認識・測定して集計・分析を行い，その投資額や費用額に対応する効果を知ることが，取り組みの一層の効率化を図るとともに，意思決定を行っていく上で極めて重要である。利害関係者に対する環境会計情報の開示は，説明責任を履行する重要な手段の1つになっている。

　図表4-5を見ると，3つの企業の環境会計データは，企業間の比較が可能とはいえない。環境会計に表されている環境保全コスト（投資額＋費用額）と環境保全対策に伴う経済効果を見ると，環境保全コストが経済効果を上回っている。ここで挙げた企業以外にも，多くの企業が同じ傾向を見せている。環境問題に対する意識の高まりを受けて，企業は事業活動における環境保全コストに多額の費用をかけている段階である。

　環境会計によって，企業はどのような環境活動にどれだけ支出し，それによりどの程度の効果を得ることができたのかについての情報を得ることができる。環境省の環境会計ガイドラインの発行以来，環境会計を開示することに意義があったが，これからは環境会計がコスト削減やリスク回避に活用できるようにせねばならない。

図表4-5　環境会計の一例

2015年度三菱電機グループの環境会計

（単位：億円）

項目	環境保全コスト		項目	経済効果
	設備投資	費用		
事業エリア内活動	49.3	100.3	収益（有価物売却益，すなわち金属くず，廃プラスチック，紙，ダンボール，木板）	29.8
上・下流	0.0	0.3	節約（省エネルギー化による電気代の節約，緩衝材の削減）	26.9
管理活動	1.4	13.7		
研究開発	0.4	34.4		
社会活動	0.1	0.4		
環境損傷対応	0.0	1.8		
合　計	51.4	153.1	合　計	56.7

注：対象期間は，2015年4月1日－2016年3月31日。対象範囲は，三菱電機㈱，国内関係企業
　　112社，海外関係企業79社。環境省の環境会計ガイドライン2005年版に基づき作成。
出所：三菱電機グループ［2016］「環境会計」http://mitsubishielectric.co.jp/corporate/eco/data/
　　account/index.html（2016年7月1日）。

2015年度リコーグループの環境会計

（単位：億円）

項目	環境保全コスト		項目	経済効果
	投資額	費用額		
事業エリア内	4.6	57.6	節電や廃棄物処理効率化等	24.4
上・下流	0.0	195.8	リサイクル品売却等	218.5
管理活動	0.0	30.4		
研究開発	1.8	40.3		
社会活動	0.0	1.8		
環境損傷対応	0.0	1.0		
合　計	6.4	326.9	合　計	242.9

注：対象期間は，2015年4月1日－2016年3月31日。対象範囲は，国内及び海外の主要会社。環
　　境省の環境会計ガイドライン2005年版に準拠して作成。
出所：リコーグループ［2016］「コーポレート環境会計」https://jp.ricoh.com/ecology/account/
　　graph_ 2015_01.pdf（2016年7月1日）。

2015年度NECグループの環境会計

（単位：百万円）

項目	環境保全コスト		項目	経済効果
	投資額	費用額		
事業エリア内コスト	178	1,028	環境活動によるエネルギー，資材及び廃棄物量の削減	93
上・下流コスト	1	71		
管理活動コスト	0.15	0.15		
研究開発コスト	0	0		
社会貢献活動コスト	0	3.01		
環境損傷コスト	0	0		
合　計	179	1,266	合計	93

注：対象期間は，2015年4月1日－2016年3月31日。対象範囲は，NEC，環境ガバナンス対象の
　　国内・海外グループ会社。環境省の環境会計ガイドライン2005年版に準拠。
出所：NECグループ［2016］「環境会計」http://jpn.nec.com/eco/ja/announce/accounting/（2016
　　年7月1日）。

▌ 4.7 まとめ

　日本企業による今日の環境経営関連の取り組み方は，環境の持続可能性を保障していない。持続可能性のために，企業の全活動において，環境負荷を減らすための取り組みを試行錯誤の中で見出すべきである。そのためには，自社の現状を把握することから始めるのが望ましい。

　最近，あまりにも多くの原則が出回り，企業側はどの原則を用いて対応すべきかで困っている。国際機関が，統一された国際基準をきちんと作り上げていくべきである。規制を超えた世界水準の目線を持たなければ，リスクを減らすことができず，企業は社会的責任を果たすこともできない。

　持続可能な開発のためには，自然が再生する力やそのスピードを考慮しながら，計画性を持って管理し，将来世代のために資源を使い切らないよ

う配慮しなければならない。資源に頼らないと生きられないので，資源を上手に利用していくことが重要である。しかし，日本企業による環境経営への取り組み結果と，企業業績との関係が明らかにされていない。企業業績の向上のための環境配慮型製品をどう創出し，その売上がどうであったかについて解明されないといけない。

〈注〉

1) ISO［2015］*ISO Survey 2014.*〈http://www.iso.org/iso/iso-survey〉(25 September 2015)．
2) 環境省［2016］「環境にやさしい企業行動調査結果（平成26年度における取り組みに関する調査結果）［詳細版］」http://www.env.go.jp/policy/j-hiroba/kigyo/h26/full.pdf（2016年5月1日）71，80頁参照。調査対象は，東京，大阪，名古屋の各証券取引所1部，2部上場企業818社，従業員500人以上の非上場企業及び事業所2,182社，合計3,000社を対象とし，各社の2013年度における取り組みについて2015年12月4日−30日にかけてアンケート調査を実施。有効回答数は，上場企業425社（回収率52.0％），非上場企業975社（回収率44.7％），合計1,400社（回収率46.7％）。
3) エコアクション21［2016］「エコアクション21認証・登録制度の実施状況（2016年6月現在）」http://www.ea21.jp/list/data/ninsho.pdf（2016年7月10日）。
4) ISO［2016］*ISO Survey 2014.*〈http://www.iso.org/iso/iso-survey〉(8 April 2016)．
5) ISO/TMB Working Group on Social Responsibility（日本規格協会訳）［2010］。
6) Ruggie, J.［2011］*Guiding Principles on Business and Human Rights: Implementing the United Nations "Protect, Respect and Remedy" Framework.*〈http://www2.ohchr.org/english/bodies/hrcouncil/docs/17session/A.HRC.17.31_en.pdf〉(21 March 2011)．
7) 日経エコロジー［2013．10・12］；［2014．1］；［2015.7］，『日本経済新聞』（朝刊）2013年9月4日1面「企業とルール:問われる社会的責任⑤」；5日1面「企業とルール問われる社会的責任⑥」，『朝日新聞』（朝刊）2013年10月21日1面「日本の革靴，川濁る原料の町バングラデシュ」；2面「原料調達先，知る責任:革靴輸出国バングラデシュ」。
8) OECD閣僚理事会［2011］。
9) OECD［2011］。
10) アジア太平洋資料センター［2015.10］。
11) 朴［2006］，宮崎［2005］。
12) SACOM［2015.1］。
13) アジア太平洋資料センター［2015.2］。
14) 環境省［2016］「環境にやさしい企業行動調査結果（平成26年度における取り組みに関する調査結果）［詳細版］」http://www.env.go.jp/policy/j-hiroba/kigyo/h26/full.pdf（2016年5月1日）157-166頁。
15) GRI（日本財団・G4ステークホルダー委員会訳）［2014］「G4 サステナビリティ・レポーティング・ガイドライン 第一部:報告原則及び標準開示項目」https://www.globalreporting.org/resourcelibrary/Japanese-G4-Part-One.pdf；「G4 サステナビリティ・レポーティング・ガイドライン 第二部:実施マニュアル」https://www.globalreporting.org/resourcelibrary/Japanese-G4-Part-Two.pdf（2014年3月7日）。

16) 環境省［2012］「環境報告ガイドライン（2012年版）」http://www.env.go.jp/press/files/ jp/19800.pdf（2012年4月26日）。

17) IIRC［2013］*International Integrated Reporting Framework*.〈http://integratedreporting. org/wp-content/uploads/2015/03/13-12-08-THE-INTERNATIONAL-IR-FRAMEWORK- 2-1.pdf〉（9 December 2013）.

18) 2010年に宝印刷㈱,㈱シータス＆ゼネラルプレス,㈱エッジ・インターナショナルが共同で, 企業の責任ある経営,ESGコミュニケーションを啓発・促進するために創設。

19) 統合報告書を作成している企業数は,2004年1社,2005年1社,2006年5社,2007年10 社,2008年12社,2009年17社,2010年24社,2011年34社,2012年61社,2013年96社, 2014年142社と増え続けている。

20) KPMGは,監査,税務,アドバイザリーサービスを提供するプロフェッショナルファーム のグローバルネットワーク。KPMGジャパンは,KPMGインターナショナルの日本にお けるメンバーファームの総称。2012年7月1日にKPMGジャパン内に,統合報告アドバ イザリーグループを設け,統合報告に関する専門的な知識・経験を有したメンバーにより 構成され,企業報告に関する広範なニーズに応えている。

21) KPMGジャパン統合報告アドバイザリーグループ［2015 a］『日本企業の統合報告書に関 する調査2014』https://assets.kpmg.com/content/dam/kpmg/pdf/2016/03/jp-integrated- reporting-20150628.pdf（2015年8月1日）:［2015 b］『統合報告にみるコーポレートガバナ ンスの実際』

https://data.bloomberglp.com/country/sites/5/2015/07/WEB_Shibasaka.pdf（2015年8月1日）。

22) WICI（World Intellectual Capital/Assets Initiative,世界知的資本・知的資産推進構想）は, 2007年に発足。民間部門から企業やアナリスト,投資家,会計専門家などの参加者によっ て構成され,経済産業省なども後援団体として参加。ステークホルダーの関心が高い知的 資産・資本やKPI（Key Performance Indicator,主要業績・価値評価指標）に関する開 示を改善しようとする組織。WICIジャパンは,WICIの日本組織。

23) 「WICIジャパン統合報告表彰」は,2013年11月に事業報告の簡素・明瞭化により事業体 のステークホルダーとの双方向コミュニケーションを高め,事業体と社会の持続可能性を 向上させようとする国際統合報告協議会の統合報告活動に呼応し,その活動を日本におい て推進することを目的に創設。2015年の第3回の審査は,東京証券取引所第一部上場企業 を中心とした200社を対象とし,その中からこの年は優秀企業賞4社が選ばれた。

24) 三洋化成［2016］『三洋化成CSRレポート2016』28頁。

25) 東芝［2015］『東芝2015環境レポート』24頁。

26) 大正製薬ホールディングス［2015］『大正製薬ホールディングスアニュアルレポート2015』 43頁。

27) 環境製品宣言（EPD; Environmental Product Declaration）では,電気・電子機器,化学,食品, 建材など,幅広い産業に関して,第三者認証機関による審査登録が行われている。これに は,企業や組織,製品・サービスの説明に関する情報,インベントリーデータや潜在的環 境影響に関する情報,付帯サービス,保守,リサイクルに関する情報などを記載すること が求められている。リカバリー手順に関する情報や適切な再利用方法に関する情報などに ついては,環境製品宣言に「リサイクル宣言」として記載可能。

28) CEマーキングは,1993年に導入されており,EU地域で販売される指定の製品に貼付が 義務付けられる基準適合マークで,EUの消費者の安全,健康または環境要求事項に適合 したことを示すもの。当該製品の製造業者（輸入者）または第三者認証機関が所定の適合

性評価を行い，製品，包装，添付文書に付与。

29) カネミ油症事件は，1968年10月に西日本を中心に発生したカネミ倉庫㈱のライスオイル（米ぬか油）の中に，製造の際の脱臭工程の熱媒体として用いられた，鐘淵化学工業㈱（2004年より㈱カネカ）のカネクロールが混入していたことで，ポリ塩化ビフェニル（PCB）や，ダイオキシン類の一種であるポリ塩化ジベンゾフラン（PCDF）などが，製品のライスオイルの中に混入した事件。

30) 経済産業省［2016］「製品含有化学物質情報の伝達円滑化に向けた報告」http://www.meti.go.jp/policy/chemical_management/chemSHERPA_Jp.revised.pdf（2016年5月1日）。

31) ソニー［2002］「ヨーロッパにおける一部ソニー製品の自主的出荷停止発表について」http://www.sony.co.jp/SonyInfo/csr/news/2002/02.html（2002年2月26日）。

32) 環境省［2016］「環境にやさしい企業行動調査結果（平成26年度における取り組みに関する調査結果）［詳細版］」http://www.env.go.jp/policy/j-hiroba/kigyo/h26/full.pdf（2016年5月1日）233-237頁。

〈参考文献〉

（日本語文献）

ISO/TMB Working Group on Social Responsibility（日本規格協会訳）［2010］『社会的責任に関する手引き』日本規格協会。

アジア太平洋資料センター［2015.2］「ユニクロ下請け工場で何が: 香港の労働活動家による工場潜入調査報告」『オルタ（アジア太平洋資料センター）』460, 4-7。

アジア太平洋資料センター［2015.10］「コンゴ民主共和国: 米国紛争鉱物規制から5年―現地はどう変わったのか」『オルタ（アジア太平洋資料センター）』467, 8-10。

EICC［2012］『EICC行動規範v4.0』EICC。

OECD閣僚理事会［2011］『OECD多国籍企業行動指針: 世界における責任ある企業行動のための勧告2011年（日本語版仮訳）』OECD閣僚理事会。

OECD［2011］『OECD紛争地域及び高リスク地域からの鉱物の責任あるサプライチェーンのためのデューディリジェンス・ガイダンス（仮訳）』OECDパブリッシング。

SACOM［2015.1］『中国国内ユニクロ下請工場における労働環境調査報告書』SACOM。

日経エコロジー［2013.10］「広がるCSR調達: 新興国に目配り，人権問題に先手打つ」『日経エコロジー（日経BP社）』174, 44-47。

日経エコロジー［2013.12］「特集知らないでは済まされない紛争鉱物規制の衝撃」『日経エコロジー（日経BP社）』163, 28-41。

日経エコロジー［2014.1］「特集1 忍び寄る人権リスク: その経営は世界で通用しない」『日経エコロジー（日経BP社）』176, 22-37。

日経エコロジー［2015.7］「途上国の労働問題: ラナ・プラザ倒壊から2年教訓は十分に生かされず」193, 90-91。

朴根好［2006］「多国籍企業と企業の社会的責任: NIKEのスウェットショップ問題を中心に」『静岡大学経済研究（静岡大学）』11(3), 63-81。

宮崎純一［2005］「スウェットショップから問題提起」『奈良産業大学紀要（奈良産業大学）』21, 59-80。

第5章 企業事例

■ 5.1 スポーツ用品メーカー美津濃㈱

■ 5.1.1 110年の歴史を持つスポーツ用品メーカー

　スポーツ用品メーカーである美津濃㈱（以下，ミズノ）[1]は，1906年4月に創業しており，大阪と東京に本社があって，2015年度の売上高は1,961億円，営業利益は30億円，経常利益は28億円，当期純利益は21億円で，2015年[2]3月31日現在，従業員数は連結5,368人（アジア・オセアニア2,488人，日本2,389人，米国419人，欧州272人）であった。スポーツ用品メーカーのうち，日本では㈱アシックス[3]に次ぐ2位を占めるほど，高い技術力で成長を続けている。

　日本のスポーツ用品産業は，バブルが崩壊した影響もあって，1994年以降は縮小傾向となったが，健康志向によるスポーツへの関心やランニングブームなどを背景に堅調な推移を見せている。日本のスポーツ用品産業は，現在，シニア層が支えているが，数十年後も同じ状況が続くとは限らない。こうした動向を受け，ミズノは海外に活路を求めて，米国，欧州，アジア地域で展開しており，グローバル化が進んでいるといえる。一方，日本のアシックスの場合，2015年度の売上高が4,284億円で，このうち海外売上

比率が76％は占め，ミズノと倍以上の差を見せていることから考えて，海外展開が躍進の大きな要因になっていることがうかがえる。両社のグローバル展開の差が，売上高の差につながっているのである。ミズノは，トッププロスポーツ選手から支持されて国内でブランド力を築いていたために，海外展開に遅れをとってきたのである。このように，アシックスの存在は強力であり，海外のアディダス（Adidas）社[4]とナイキ（Nike）社[5]もブランド力，資本力ともにミズノを圧倒している。ミズノが，スポーツ用品メーカーとしてリーディングカンパニーになるのは現状のままでは難しい。

■ 5.1.2 品質経営

● 5.1.2.1 世界中のスポーツ選手からの信頼

より良いスポーツ品とスポーツの振興を通じて社会に貢献するというミズノの経営理念は，創業当時から現在まで受け継がれている。2016年現在，創業110年の歴史の中で築き上げてきた信頼という資産に，新たなカルチャーを加え，新たな100年を支えるミズノブランドを創造しようとしている。そこで，高機能性，安定品質を追求しながら，国境を超えた連携によって，企業価値増大を目指している。

ミズノの創業当時，つまり，1900年代初頭は日本のスポーツ用品のほとんどは海外製が主流であった。そこで，ミズノは1914年に各種スポーツ用具の開発を行うようになり，国内のスポーツ競技の普及に役立つとともに，品質の面においても海外製品に見劣りしないよう，科学的な視点での製品開発を行ってきた。

ミズノは，1964年に開催された東京オリンピックをきっかけに，海外展開するようになり，海外のプロスポーツ選手と契約し，ブランド力を高めようとした。プロ野球選手であるイチローとの契約をしたことで，アメリカで知名度を上げることができたが，海外ではまだブランド認知度が低い方である。それでも，プロスポーツ選手が使用するブランドになって，スポーツ界には大きな貢献を果たし続けている。また，より一層良いスポーツ用品を世に送り出し，多くの人にスポーツの魅力を伝える役割も果たし

ている。

　このように，ミズノの生産品目はほとんどすべての競技種目にわたり，スポーツ振興には特に力を注ぎ，競技分野への貢献と同様，人々の健康作りをスポーツの面から支えている。同社の強みは，ものづくりへのこだわりが社員全員に理解され，実行されていることである。創業者の良品安価を目指した「ええもん作りなはれや」という精神が，創業以来110年続いていることからもうかがえる。これに基づいて開発された製品は，世界中のスポーツ選手から信頼を得ている。

　ミズノは，自社ブランドによる販売ということで，商標使用権を他社に供与するライセンスビジネスのような不安定さはない。世間には，資金が潤沢でない場合の処置として，カネと時間をかけて自社ブランドを育成するより，自社企画の製品を著名ブランドの名前で販売する方法もあるが，ライセンス契約を打ち切られると生き残りが難しくなる。海外の有名ブランドが日本法人を設立して直接乗り込むケースが相次ぐ中で，ミズノの自社ブランドでの勝負は強みになっている。

　ミズノの製品は，機能性に重点が置かれている。アディダスとナイキの製品は，機能性の面ではミズノの製品に比べ少し劣るものの，デザイン性を多く追求する点で異なっている。現在，ファッション性のあるスポーツ用品が人気を集めており，スポーツカジュアルファッションとして根付いている。ミズノの場合，機能性に比べデザインにあまり力を入れてこなかったのが弱みになっている。同社が，アディダスとナイキとともに世界市場で競う中で，いかに差別化を図っていくのかが今後の課題である。

　スポーツ用品企業は，マーケティング戦略の優劣で業績が左右されるので，有名スポーツ選手を起用した広告宣伝が重要である。世界的に有名な俳優の起用も必要である。このため，アディダスとナイキは先を争うように有名チームや選手に売り込みをかけている。アディダスとナイキに比べ企業規模が小さいミズノが，この両社の間に割って入るのは非常に難しい。

　ミズノは，機能性と品質を最重視した製品開発を行っている。しかし，日本市場が行き詰まりを見せており，製品差別化の際に機能性と品質だけでは生き残りが難しくなってきた。消費者が，どのメーカーのモノを買おう

か迷ったときに，ブランドの優劣が選ぶ上での最優先だからである。ミズノは，有名選手との契約の結果，日本人トッププロスポーツ選手から支持を得ていたことで，国内でブランド力を築き，競争優位を維持していた一方で，海外展開に後れをとってきた。また，さまざまなスポーツ専門用品を扱っていることで，専門性が高いため，グローバル展開が困難であったと見られる。アシックスは1975年に欧州に進出して以来，海外市場を攻略し，2001年からは経営資源の大半をランニングシューズに集中させ，一般選手向けの市場を重視したことで，売上高を伸ばし，2005年からミズノの業績を上回るようになったことからもうなずける。

　ミズノは，円安や海外での人件費上昇を受け，2016年に野球用スパイクの生産の一部を国内に戻し，他の競技用シューズも今後の国内への生産回帰を検討している。これからは，兵庫県宍粟市山崎町千本屋にあるミズノテクニクス㈱の山崎ランバード工場で高級品を生産し，社内に最新の製造・開発ノウハウを蓄積していくことにした。

　ミズノは，シューズ，ウェア，スポーツ用具と，製品構造が分散されており，売上は野球やゴルフなど特定の競技用品に依存してきたが，ようやく，カジュアル系ブランドに力を入れ始めている。日本市場の低迷を勘案すれば，ミズノも特定の製品中心に海外展開をしてブランド力を高めないといけない。ライフスタイルの多様化が進む中で，スポーツ用品業界に求められるのは新しいライフスタイルに提案できる製品の開発である。日本市場はこのままではこれ以上の成長が見込めないので，新分野の製品開発や得意な分野の製品を軸に海外で展開することで，売上を伸ばすチャンスにつなげて欲しい。

• 5.1.2.2　機能性に優れたランニングシューズ

　ランニングシューズは，普段履きのシューズとしても人気が高く，ファッションアイテムとしての展開が可能で，グローバル展開が容易なスポーツ用品である。2003年ごろからランニングブームが起き，ランニングを生活の中に取り入れる人が増えており，市場の拡大傾向は今後も続くことが予想される。

　アシックスは，ランニングシューズによるブランド力が圧倒的である。同社の2015年12月期の売上比率のうちスポーツシューズが80％を占め，このうち半分以上がランニングシューズであった。一般選手向けの市場を重視した結果である。ミズノは，得意分野として野球用品，ゴルフ用品などのイメージが強いが，ランニングシューズにも力を入れている。同社では，ランニング関連イベントの開催など，競技層と初級者層双方向へのマーケティングを行ってきたが，さらなる成長に向けて，中級者層へのアプローチを強化している。

　ミズノのランニングシューズは，日本人向けに日本人の足にフィットさせている。ナイキのランニングシューズは欧米人向けに設計されているため，ミズノのランニングシューズに比べ横幅が狭いことが多い。足の甲の幅が広い人は，足が圧迫される感覚になってしまう。アディダスのランニングシューズも，足の甲の幅が若干狭いことが多い。

　ミズノのランニングシューズの特徴は，1997年からソール（靴底）部分にミズノ独自の波形プレート「ミズノウェーブ」を挿入して，縦方向の衝撃を吸収し，横方向のズレには安定性を発揮させており，着地時の衝撃を受け止め，ふかふかと柔らかいクッション性と高い安定性を両立させている。蹴り出したときに足先の関節が曲がるため，シューズのつま先部分にしわやたるみが発生しフィット感が低下するが，一方向だけ伸縮するストレッチメッシュを使用し，しわやたるみを抑える構造を採用している。また，着地時のシューズの無理な変形を抑え，1歩ごとに生じる足とシューズのすき間を少なくし，快適な走り心地を追求している。

　ランニングシューズは，機能が複雑であるために，ノウハウのない企業の参入は簡単ではない。体重のおよそ3倍といわれる着地時の衝撃を緩和するクッション性とぐらつきを抑える安定性が必要といわれており，足にシューズがしっかりフィットすることが大切である。製品開発に成功したとしても，性能基準を示すにはスポーツ選手に履いてもらう以外に方法はない。スポーツ選手には個人差があり，ある選手にとっては良いシューズでも，他の選手にとってはそうではないこともあり得る。結局は，ブランド力で勝負することになる。そこで，試しに履いてもらう機会を増やすこ

とが有効な手段になる。ミズノは，販売を拡大するために，ランニング関連イベントの開催など，さまざまなプロモーションを展開している。

　ミズノのランニングシューズは，機能性と品質の良さに強みを持っている。ランニングシューズにおいて，王者アシックスの牙城を崩すために，さらにデザインに力を入れ，製品を魅力あるものに見せる必要がある。

■ 5.1.3　環境経営

● 5.1.3.1　ミズノグリーングレードの制定

　ミズノは，地球環境問題については，リーディングカンパニーとして取り組んでいる。環境保全活動は，1991年9月のCrew 21（ミズノ地球環境保全活動）[7]がスタートラインになっている。原材料に関しては汚染物質を含んでいないか，輸送をいかに合理化するか，包装材をいかに簡略化するか，リサイクルできるか，さらに耐用年数を終えた製品をどうするかなど，原材料から製品寿命がつきるまでのすべての段階において環境に配慮している。

　ミズノは，"健やかなスポーツシーンを人へ・地球へ"のスローガンのもと，すべての事業活動と1人ひとりの行動において，地球環境保全に積極的に貢献していくという環境方針（1999年3月制定，2010年4月改訂）にしたがい，地球環境の保全のためのものづくりを行っている。

　ミズノの場合，ISO 14001については，1997年6月にスポーツ用品業界で初めて養老工場（現，ミズノテクニクス㈱）が認証を取得し，2002年2月には国内全事業所での認証を取得しており，2004年5月に上海ミズノ，2008年2月に台湾ミズノが認証取得を行っており，2015年2月にはグループ会社であるセノー㈱及び㈱セノテックが新たに加わった。OEM工場にはISO 14001，エコアクション21の認証取得についてアドバイスをする程度で，無理であるとわかっているので勧誘はしていない。世界的な潮流に合わせて，2000年9月に初めて環境報告書を発行して以来，CSRの取り組みが活発になってきたことで，2004年9月にCSR報告書へと名称を変えた。

　ミズノでは，専務取締役である環境管理責任者を中心に，関連部門の責

任者から構成されるCrew 21委員会を設け，環境保全活動に関する重要な方針，施策，課題に関して審議し，地球環境保全活動の方針策定や具体的な活動計画を決定している。Crew 21委員会は，定期的に開催され，全社的にコミュニケーションをとりながら，環境関連活動を進めている。

　ミズノは，20年以上にわたり，資源の有効活用，二酸化炭素排出量や環境汚染物質など環境負荷の低減に向けた取り組みを進めてきた。その一環として，1997年10月に「ミズノ環境ラベル」という自己宣言による環境ラベルを作ったが，2011年2月にこの認定基準を見直し，製品の企画開発から廃棄までを考慮した，新しいミズノ独自の認定基準である「ミズノグリーングレード」を制定した。原材料調達から廃棄までの各段階における個々の環境配慮項目をポイント化して，各製品について評価し，その獲得ポイントの合計によりゴールドメダル，シルバーメダル，ブロンズメダルを認定している。製品ライフサイクル全体における環境配慮を全社的に推進することで，資源・環境の保全と環境負荷の低減につなげていくという狙いがある。

　「ミズノグリーングレード」による原材料調達では，環境負荷の少ない材料の選択，生産では材料使用量の削減や最適な生産技術の適用，輸送・販売では流通の効率化，使用・廃棄では使用時の環境影響の軽減や製品寿命の延長などをチェックポイントにしている。この基準を導入したことで，社内では製品の企画・開発段階だけでなく，さまざまな段階での小さな環境配慮に対する取り組みを大切にする意識が高まった。グレードの認定を受けた後，少しでもグレードを上げようと努力している。2015年度のグレード別製品（2015年春夏新製品）比率は，ゴールド5.1％，シルバー11.9％，ブロンズ82.2％，メダルなし0.8％であった。[8]

　従来の「ミズノ環境ラベル」では，リサイクル素材を一定割合以上使用した製品を認定するなど，製品のある一面だけを取り出して，環境配慮を評価する基準であった。しかし，「ミズノグリーングレード」では，ライフサイクルそれぞれの段階で，小さくても環境配慮を積み重ねることも重要であると認識している。

　「ミズノグリーングレード」を構築・導入した背景には，環境配慮型製

品の開発とともに，ミズノ製品にかかわる人々が一体となって環境配慮を追求する風土を作り上げたいという狙いがあった。全製品において環境配慮を求め，製品の製造に携わる人々の努力を評価する仕組みを作り出して，イノベーションを誘発して，ミズノ全体としての環境負荷削減につなげようとしている。

　ミズノでは，2015年度春夏モデルにおける全製品の売上に占める「ミズノグリーングレード」認定製品，すなわち環境配慮型製品の売上比率は84.2％で，新製品（春夏展示会製品）に占める比率は99.2％であったが，2016年度の目標は90％である。[9] 2020年までに，「ミズノグリーングレード」に認定された環境配慮型製品の売上比率を100％にすることを目標に推進している。

　ミズノは，創業当時からの「ええもん作りなはれや」に基づいたものづくりに固執している。高い品質や優れた技術力，安心・安全という価値を生み出している。同社では，社員1人ひとりの力でできることを進めるという風土がある。取り組む前から効果を気にするのではなく，まずは実行することを大事にしている。このような精神のもとで，世の中で認められる製品を作り続けている。

　ミズノは，2009年10月と2014年4月の2回にわたり資金調達のために，㈱三井住友銀行の「SMBC環境配慮評価融資」を得ている。2014年は，ミズノグリーングレードを制定し，成果を上げている点，Crew 21を開始して環境負荷削減のために全社的に取り組んでいる点，環境負荷の把握と増減要因の分析を進めている点など，2009年に比べ環境経営が進んでいることが高く評価された。

• 5.1.3.2　ブランド価値を高めるためのCSR経営

　ミズノでは，2010年11月に発行されたあらゆる組織の社会的責任についてのガイダンス規格であるISO 26000をベースにCSR経営を進めている。同社は，2010年2月にCSR基本理念を制定しており，スポーツができる場と機会の提供に努め，法令を遵守し，社会規範を尊重し，より透明な企業活動を実践し，人権・労働問題，地球環境問題などに取り組み，持続可能

な社会の実現に貢献することにしている。持続可能な社会の実現と地球環境の保全に貢献するために，さまざまなステークホルダーとの協力関係を築いている。同社では，経営理念を具現化する中で，CSR経営を推進している。CSR経営に力を入れ，グローバルに展開しており，安全，安心を含めたCSR調達を進めている。

ミズノのCSR経営は，アテネオリンピックが開催された2004年から始まった。労働者の権利が確立されていない現場で製造されている製品があるとのことで，国際NGOや労働組合がブランドの責任を追及するために，同年3月－9月にかけて「Play Fair at the Olympics」というキャンペーン[10]を展開して，ミズノを含めたアシックス，フィラ社，プーマ社，ロット社，ケイパ社，アンブロ社というスポーツウェアメーカー7社に対し，製造委[11]託先工場の労働環境についての改善を求めて，労務管理・労働条件の改善，労働安全衛生の改善，適正納期・価格の協議という要求があった。

ミズノは，サプライチェーン管理が必要との結論に至り，リスクマネジメント事案としてとらえ，上手くいけば信頼が得られるであろうし，失敗すれば企業価値やブランド価値の低下につながるという認識から，問題のある地域の労働者の権利を守り，グローバル企業が抱えるリスクを軽減すると提案し，国際NGOや労働組合との誠実な対話を行うことで，攻撃対象から外れることができた。

こういった状況を背景に，2004年3月にCSR専任部署を設置して以来，国際NGOや労働組合による攻撃をリスク案件であるととらえたために，専任部署を2005年10月に法務部CSR課に変更して，全社的にCSRを推進している。2004年4月から活動を開始したCSR推進委員会は，当社グループのCSR全般についての政策を審議し決定する委員会であり，社長が委員長を，人事総務部担当取締役が推進責任者を務めている。法務部のグローバルCSR室（6人所属）が，CSR推進委員会の決定事項を具体化し，グループ全拠点に展開，推進している。CSR中期目標はなく，毎年目標を決めて活動している。

ISO 26000が発行されるまで，ミズノでは独自にCSRの領域を10に分類して定義し取り組んできた。この10の領域には，コンプライアンス，リスク

マネジメント，内部統制など，守りのCSRといわれる社内体制に関するものも多く，グローバルなCSRの重要課題と少しズレがあった。そこで，ISO 26000の発行を機に，これを活動のベースとすることにし，活動内容を見直した結果，ステークホルダーに向けた活動が重要であることがわかってきた。それで，ステークホルダーにとって，ミズノはどのようにあるべきかを示している。この結果として，同社は，フェアプレー（fair play），フレンドシップ（friendship），ファイティング・スピリット（fighting spirit）を大切にし，持続可能な社会の実現と美しい地球環境の保全に積極的に取り組むことで，すべてのステークホルダーから信頼され必要とされる企業を目指している。

　ミズノは，地球環境問題のために，製品が安全・安心で高品質であることはもちろん，その製造工程において人権，労働，環境面などが国際的な基準から見て適切であることを目指している。ミズノ製品の生産には，日本国内外のパートナーがかかわっており，良いものづくりにはサプライヤーとの協同が不可欠であると認識している。ブランド価値を高めるために，サプライチェーンに係るリスクを事前に防止するなど，積極的にCSR経営に力を入れている。

• 5.1.3.3　CSR調達
○ 5.1.3.3.1　取引開始前のCSR事前評価

　スポーツ用品は，多品種少量生産である。ミズノの主要な製造委託先工場の所在国は，中国，韓国，台湾，インドネシア，ベトナム，タイ，フィリピン，ミャンマー，カンボジアなどである。日本での生産では人件費が合わなくて，コストメリットの追求のため，中国や東南アジアのもともとある現地工場と契約をし，大量生産を行っており，国内では，緊急対応のみの生産，すなわち海外で発注が間に合わない甲子園のユニフォームの注文など，短納期で特殊納品分を作っている。中国における生産コストの上昇から，2014年より東南アジアでの生産比率を高めている。

　ミズノが，契約をしている海外の製造委託先工場は，アディダスなどの製品も作っている工場なので，出来上がった品質はほとんど変わらず，違

うのは素材だけである。スポーツ用品の場合，縫製業ということで，若い女性が多く働いており，労働集約型産業であるために，長時間労働や労働環境などの面で，労働者の人権に関する問題が発生しやすい傾向がある。

　ミズノでは，何層ものサプライチェーンによって構成されており，CSR調達関連問題について2004年から取り組んでいる。2004年4月にCSR調達委員会を発足させ，製造委託先工場の労働環境や労務関係の改善に取り組んでいる。

　ミズノは，CSR調達の考え方をよく理解し，一体となって改善活動を進めていくのが重要と思って，CSR調達説明会を行っている。生産担当者が理解しないといけないということで，まず社内説明会を，次に製造委託契約を行っている日本の工場関係者を集めて説明会を，それから海外にある製造委託先工場に出向いて説明会を行うか，その関係者を日本に呼んで説明会を行っている。

　ミズノのCSR調達には，取引開始前に行うCSR事前評価と取引中に行うCSR監査の2つがある。まず，CSR事前評価では，「ミズノCSR調査規定」に基づき，製造委託先工場の労働環境改善に取り組んでいる。「新規製造委託先候補工場に対するCSR事前評価」の仕組みを設け，ISO 26000の7つの中核主題のうち人権・労働慣行・環境の3項目で評価する仕組みになっている。

　ミズノは，CSR事前評価による評価結果が，取引開始の条件である評価C（70－79）[12]以下であった工場に対しては，CSR監査報告書に基づく是正計画・報告書の送付後，是正計画内容の協議，現場訪問，是正指導を行い，条件に適合したことを確認した後に取引を開始することで，CSR調達を確かなものとしている。

　ミズノは，2015年度には，新規製造委託先候補にあたる51件の事前評価を行い，評価C以下は12工場であった。そのうち4工場に対しては，それぞれ約2か月後の外部監査機関による書類監査によって評価B以上になったことで，取引開始を承認しており，事前評価から約6か月から10か月後の現場での追跡監査では書類監査を上回る評価となった。他の4工場については2016年3月末時点で是正待ちの状態で，残る4工場は工場閉鎖，工

場移転などにより事前評価は終了した。[13)]

　ミズノでは，事前評価で評価ランクC以下であった工場に対しては，ミズノの生産担当者と法務部グローバルCSR室の担当者が製造委託先の担当者と会って，是正項目に対する改善方法についてアドバイスを行い，取引開始条件であるB以上に到達できるよう支援している。

○ 5.1.3.3.2　取引開始後のCSR監査

　もう1つの取引開始後のCSR監査については，主要な製造委託先工場を対象に3年に1回訪問監査を実施している。監査は，1次サプライヤーが対象になっており，1次サプライヤーであっても基本的にシェア40％以上で監査を実施している。

　CSR監査も，事前評価と同様に，ISO 26000の7つの中核主題のうち人権・労働慣行・環境の3つの側面に基づき，2010年度より独自に作った145のチェック項目で行われている。[14)]このチェック項目は，日本語，英語，中国語で作られている。

　CSR監査は，オープニングミーティング（経営者や責任者に監査の目的を説明），現場監査（不明な点は質問して確認），書類監査（法令違反がないか確認），従業員インタビュー（責任者の発言や書類の記録と照合，現地語で実施），クロージングミーティング（経営者や責任者に報告，今後の改善計画を話し合う）の順で行っている。

　CSR監査は，「ミズノCSR調達規定」に基づき，主な製造委託先工場である約200以上の工場に直接出向いて，「ミズノCSR調達行動規範」に定める内容の遵守状況について実施している。監査は，二者監査の形態で実施しており，まず海外で2004年から，日本では2012年12月から行っている。

　工場の従業員数に応じた監査を，通常は複数の監査員が1日から数日かけて行っている。日本ではミズノが，中国では監査チーム4人が出向く。インドネシア，ベトナム，タイなどでは外部の専門機関に任せているが，ほとんどの場合，工場の生産担当のミズノ社員が立ち会う。監査項目を致命的，重大，一般の3段階に分類し，ポイント加算方式で行う。致命的なものとしては，児童労働，強制労働などがある。

　監査で問題が発見された場合には，適切な是正措置をともに考え，評価
ランクC以下の場合は6か月後に再びフォロー・アップ監査を実施し，80
点以上にならないとまた半年後に監査を実施し，3回監査を実施しても改
善しないと，2014年4月から取引縮小の対象になった。CSR監査は，2015
年度に85件，すなわち中国35件，日本15件，ベトナム15件，韓国3件，ミ
ャンマー3件，インドネシア2件，タイ2件，カンボジア2件，台湾1件，
フィリピン1件，その他6件を行い，サプライヤーの現状把握の上，意見
交換を行った。[15)]

　チェックリストを送付，返信してもらうだけではなかなか現地の実態が
わからない。ミズノのCSR監査は，問題が顕在化した際のリスクを未然に
防ぐためのもので，そうしたリスクをきちんと確認し，対話と働きかけに
よって改善している。そのため，監査後のサプライヤーへのフィードバッ
クや状況改善に向けたやり取りも重視している。監査の結果，問題が発見
されたとしても，他の工場を探すのが大変なので，直ちに取引を停止する
ことはない。適切な是正措置を考え，対話と働きかけによって状況を改善
させている。CSR監査は，健康診断のようなものである。工場の規模が大
きいと，資金もあるのでCSR監査の点数が高い。日本では基本的にサプラ
イヤーが知らなかっただけで，違反が見付かるとすぐ改善してくれるので
是正率が高いが，海外では資金がなくて簡単には改善してくれず，交換条
件を要求されることもある。

　海外で評価の低かった項目は，残業や休日出勤などの長時間労働，化学
薬品を使用する従業員に対する職業上必要な健康診断の実施なし，化学薬
品貯蔵の際，漏れを防ぐための2次容器の設置なし，騒音，大気などの環
境測定の実施なしなどであった。日本で評価の低かった項目は，救急処置
キットの設置，救急処置の訓練といった救急処置の不備，簡易リフトや圧
力容器の点検，高速で回転する機械や機械の危険な部分への安全対策の不
備，産業廃棄物の保管方法や産業廃棄物業者との契約書の不備などであっ
た。2015年度のミズノの監査の結果，違反による契約終了はなかった。[16)]問
題が発生した場合は，隠さずに，オープンにしている。

　ミズノは，リスクの高い地域においては，監査以外でも工場視察で現状確

認を行い，是正が必要な場合はアドバイスを行っている。2015年度は，中国，ベトナム，カンボジア，マレーシア，タイの9工場で現地視察を行った[17]。

　現在，ミズノの製造委託先工場の多くが東南アジアにあり，現地の急速な経済成長を背景に環境問題や労使紛争などが起こりやすい状況になってきている。現在のCSR監査における不適合項目の是正だけでは，根本的な人権・労働慣行・環境問題の解決にはつながりにくくなっている。今後は，CSR監査以外にも目を向け，工場をサポートする必要があると考えている。

　ミズノでは，海外の製造委託先工場におけるCSR監査後の是正完了率向上と，環境への著しい影響を持つ二次サプライヤーである染色工場やメッキ工場，皮革のなめし工場などへのCSR調達の展開が今後の課題である。同社では，現在，ゴルフクラブのアイアンヘッドなどのメッキ，繊維素材の染色，野球グラブやシューズ用の皮革なめしなどのリスクが高いと思われる二次・三次のサプライヤーの把握に努めている段階である[18]。また，ミズノブランドのライセンス契約を結んでいるブラジル，ロシアの工場についても，二次サプライヤーと同様に今後の検討課題である。

　ミズノは，パートナーと協力しながら，サプライチェーンにおける公正で安全な労働環境の実現に努めている。サプライヤーにもプラスとなるCSR監査のあり方を追求している。製造委託先工場で不祥事があった場合，取引を行ってきた同社にも影響が及ぶことになる。そこで，同社とサプライヤー全体でCSR経営を行える体制を整えている。

　ミズノは，同社製品を収めているウォールマート（Wal-Mart Stores）社，同社製品をOEMで収めているウォルト・ディズニー（Walt Disney）社より監査を受けている。

　ミズノは，グリーン購入ネットワーク（GPN）主催の2015年の第17回グリーン購入大賞で優秀賞を受賞した。サプライチェーンにおけるCSR調達活動によって環境保全活動の実践とグリーン調達の実現という内容で応募して，ものづくりをする事業者における原材料調達段階の模範になる活動として評価されたのである。

• 5.1.3.4　グローバル枠組み協定の締結

　労働者の権利がいまだに認められていない国がある。ミズノは，グローバルな労働組合組織と協定を結ぶことで，労働に関する問題の予防，問題発生時の対応を行う上で，社会的責任を果たす企業であることを知らせている。そこで，製造委託先工場の労働者の人権保護，労働条件の向上のために，正当なパートナーとして尊重して協力しあう目的で，2011年にITGLWF（2012年6月よりIndustriALL Global Union）[19]やUIゼンセン同盟（2012年11月よりUAゼンセン）[20]，ミズノユニオンとグローバル枠組み協定を締結し，[21]定期的な情報交換会・意見交換会を実施している。

　この協定締結により，ミズノは，国際労働機関（ILO: International Labour Organization）が定める中核的労働基準の8条約，すなわち強制労働，結社の自由と団結権，団結権及び団体交渉権，同一価値の労働に対する同一報酬，強制労働の廃止，雇用及び職業についての差別待遇，就業の最低年齢，最悪の形態の児童労働などに関する適切な実施に向けて取り組んでいる。

　ミズノは，インダストリオール・グローバルユニオンやUAゼンセンという国際的な労働組合の代表と協力することで，問題の予防と効果的な対応を可能にしている。同社は，企業価値，ブランド価値の低下を防ぎ，社会的責任を果たすことに寄与するために，グローバル枠組み協定を結んでいる。製造委託先工場で労働争議が発生した場合に適切な対応を行うために，情報収集と労使双方への働きかけをより積極的に行っていくことが今後の課題である。

　中国・東南アジアなどの多くの国々では，人権・労働問題が日々起きている。ミズノが関与することで，できるだけそうした問題を是正・改善しようとしている。それが結果的に，不買運動など同社にとって大きなリスクを回避することにもつながると考えている。海外の製造委託先工場の場合，複数のメーカーのモノを作っているので，同社がどこまで責任をとるべきかが悩みである。企業によって判断基準が異なるために，ある企業の監査では合格でも，他の企業の監査では不合格という問題がある。また，監査員によって異なる意見を持っている場合がある。スポーツ協会による，世

界における統一基準作りが求められている。

　ミズノは，自社の環境や社会への影響を把握し，適切に対応していくために，優先して取り組むべき重要な課題の特定については，社内外のステークホルダーからの意見収集，企業視点とステークホルダー視点の双方から重要性の分析を行い，重要課題の特定を行っていく考えを持っている。

　国連グローバル・コンパクトは，人権・労働・環境・腐敗防止の4分野・10原則を軸に活動を展開しているが，ミズノはこの趣旨に賛同しているものの加盟はしていない。これだけでは完璧ではないと考えており，グローバル枠組み協定を結び，労使がともに問題を解決していくという立場で活動を行っている。

　ミズノは，㈱アシックス，㈱デサントのCSR担当者とも交流していて，意見交換することで，互いに実施していることが見えて，役に立っている。

■ 5.1.4　まとめ

　ミズノは，卓越な技術とその技術に裏付けられた品質を実現しており，特に機能性重視の製品を世に送り出している。しかし，スポーツ用品はどこのメーカーも機能性を追求しており，ブランドとデザインで購入が決定されるので，ミズノは劣勢に立たされている。現在のスポーツカジュアルという流れから日常での需要を伸ばしていく取り組みと，日本市場の低迷からさらに海外市場での活路を見出す必要がある。

　ミズノには環境への取り組みの積極性が感じられ，環境保全活動への意識が高いことが見て取れる。スポーツ用品が労働集約型産業ということで，労働者の人権と労働慣行でNGOの攻撃対象になりやすいために，サプライチェーンを含めたCSR調達への取り組みにも力を入れている。世界的なスポーツ用品メーカーであるからこそ，ブランドイメージの向上に努めているのである。

■ 5.2　タオルメーカーIKEUCHI ORGANIC㈱

■ 5.2.1　63年の歴史を持つタオルメーカー

　愛媛県今治市にあるIKEUCHI ORGANIC㈱は，1953年2月に創業し，1969年2月に株式会社に改組され，2016年3月現在，創業63年という歴史を持つまでに至った。同社は，2015年2月期の見込み売上高が5億円で，社員が50人という中小企業である。1980年代末に環境経営に取り組み始め，1990年代初めにイメージだけでデータで実証できないということで一度は取り止めたが，1999年に環境経営に本格的に取り組むようになった。世界で一番安全なタオルを作りたいという思いから，高品質で環境にも配慮したタオルを生産して，2002年にアメリカで好評を得て以来，日本でも高い評価を得ている。

　ところが，2003年8月末に年商のうち70％を依存していた主要取引先であった東京の問屋の倒産によって，約2億4,000万円の売掛金などが焦げつき，負債総額が約10億円に上り，同年9月に裁判所に民事再生の申し立てを行うはめになった。そこで，日本一であったタオルハンカチのOEM（相手先ブランドによる受注生産）を止めて，1999年3月に立ち上げていたIKTという自社ブランドに主軸を移し，品質と環境に特化したオーガニック・コットン製品作りに力を入れるようになった。2004年2月に民事再生計画案が認可されてからそれを遂行し，2005年以降目覚ましい発展を遂げる中で，2007年3月に民事再生手続終結の決定を受けて以来，今もなお成長を続けている。

　タオルの国内生産量は，安価な輸入タオルの増加によって，2000年に国内生産量と輸入量が逆転し，それ以来輸入量は増加を続け，2015年現在，輸入タオルは国内需要の78.7％を占めている。残りの21.3％が国内生産で，このうち58.2％が今治タオルであった。今治タオルは，安心・安全・高品質のタオルの生産を主力して，2011年からタオルの生産シェアが増加している。このような状況の中で，IKEUCHI ORGANICが奮闘している。

■ 5.2.2　品質経営

● 5.2.2.1　アメリカから認められる

　IKEUCHI ORGANICは，タオル，マフラー，ベッドリネン，インテリア
ファブリック，アパレル素材など，オーガニック・テキスタイルの企画・
製造・販売企業である。2014年3月1日より全製品がオーガニック・コッ
トンの使用となり，トータル・オーガニック・テキスタイル企業となった。

　IKEUCHI ORGANICは，2000年1月にアメリカに進出して以来，2002年
4月に全米最大規模の「ニューヨーク・ホームテキスタイルショー・2002
スプリング（New York Home Textiles Show・2002 Spring）」に出展して，
日本製品初の「New Best Award」を受賞した。受賞した製品は，ストレー
ト・カラー・ソリッドという名前のタオルで，3種類の異なる素材を大胆
に配合することにより表現した瀬戸内海の表情を，多彩な色展開でライン
ナップしたものである。環境負荷を低減しながら多彩なカラーバリエーシ
ョンをファッショナブルに展開する魅力が評価されたのである。また，同
年9月に同じテキスタイルショー・2002 オータムで「Finalist Award」を
受賞した。この他にも受賞経歴がある。

　これらをきっかけに，2003年3月にニューヨークにあるABCカーペット
＆ホーム（ABC Carpet & Home）というインテリア・ショップにIKEUCHI
ORGANICの製品を置いてもらうことができた。このショップは，1店だ
けの展開なので，売れる数量は多くはなかったが，ショールーム的な効果
を発揮することによって，それ以来多くのところと取引するようになった。

　IKEUCHI ORGANICのアメリカでの活躍をきっかけに，2003年1月30
日に当時の小泉純一郎首相（在任期間2001年4月26日-2006年9月26日）
の施政方針演説で紹介され，それを受け同年5月にテレビ朝日の「ニュー
ス・ステーション」で紹介されたことで知名度が一気に高まり，このとき
に「風で織るタオル」が有名になって，これを2003年に商標登録するま
でに至った。日本では既存のブランドに対する信仰が強い世界なので，そ
の中で，新たにブランドを立ち上げ，ゼロから支持を得ることは容易では
ないために，まず海外から成果を上げようと思ったのが的中したのである。

アメリカの最高級品市場で高い評価を得ていることや，展示会での評価や[26)]マスコミに取り上げられるようになったことで知名度を高め，一定の顧客を抱えるようになり，順調に成長を続けている。

　アメリカでは個人の好みでタオルを購入しているが，日本ではギフトとしてタオルをもらう傾向が強い。アメリカではシンプルなデザインを好むが，日本のギフトタオルは絵柄デザインで判断される。アメリカではバスルームの棚に並べたとき美しく見えるシンプルなものを選ぶが，日本では箱に入れたときに見栄えが良いことが重要になる。アメリカのタオル・デザインはシンプルで，色数が多いが，日本のタオル・デザインは種類が多く，色数が少ないのが特徴である。IKEUCHI ORGANICは，アメリカを中心に置いて販売をしてきたので，日本向けの製品陣容はアメリカに似ている。

• 5.2.2.2　コットンヌーボーが誕生するまで

　1999年5月に西瀬戸自動車道（愛称瀬戸内しまなみ海道）が開通するということで，今治市へ観光客が訪ねてくることを見込んで，愛媛県，今治市，四国タオル工業組合が物産館を作るという話があった。IKEUCHI ORGANICは，これを機にOEMで作ったハンカチを買い取って物産館で販売しようとしたところ，OEM元から断られ，1999年3月にIKTという自社ブランドを立ち上げた。

　IKEUCHI ORGANICは，2003年8月末に主要取引先であった東京の問屋の倒産で裁判所に民事再生を申し立てた際に，資金の問題でOEMと自社ブランドの両立ができなくて，同じ路線で経営を続けるのはリスクが大きいと思い，IKTという自社ブランドに主軸を移し，タオル生産において最大限の安全と最小限の環境負荷のために努力している。この時の同社の自社ブランドの年間売上は700万円で，全体の1％にも達していなかった。それでも，自社ブランドにシフトしたのは，OEMではこれ以上の成長が難しいと見込んだからである。同社の売上高は，その後の6年間で3億6,000万円にすることができた。

　業界内ではIKEUCHI ORGANICに織れないものはないと誰もがいって

いるほど，同社はジャガード織りとCADの技術を持っていた。1988年に
CADを導入しており，1992年9月には電子ジャガードを日本で初めて導
入したほど，繊維企業の中ではコンピュータの導入が早かった。1994年9
月にジャガード織りの技術を活かして，タオルハンカチを開発した。テパ
ートの売り場に並ぶタオルハンカチのジャガード製品のうち，同社の製品
が占める割合はピーク時では約5割，少ないときでも約3割はあった。し
かし，同社は，アメリカでの販売のためにジャガード織りを捨て，世界で
最もピュアでシンプルなタオル作りに専念している。

　IKEUCHI ORGANICの「オーガニックオリガミ」は，仙台の人で，タ
オルを折り紙のように折る人がいて，ボランティアで神戸大震災などに出
向いて子供を喜ばせており，無料で同社のタオルが欲しいというメールを
何回か受け取り，これをきっかけに製品化を考えるようになったが，輪ゴ
ムの問題があってすぐには製品化できずにいたところ，シリコンゴムを見
つけたことで作れるようになった。「オーガニックオリガミ」はシリコンゴ
ム 10 – 15本でとめてあり，シリコンゴムをはずせば普通のタオルに戻る。

　また，IKEUCHI ORGANICは，タオルハンカチ「モッタイナイ（MOTTAINAI）」
をコラボレーションで作った。「もったいない」は，ケニアのノーベル平和
賞を受賞したワンガリ・マータイ（Wangari Maathai）博士が感動した日本
語で，彼女の故郷であるケニア中部キエニ地区を中心とした地域で，約20
万本を植林する計画の「モッタイナイ・グリーン・プロジェクト（Mottainai
Green Project）」に協賛しており，この製品の売上の5％を寄付している。

　IKEUCHI ORGANICからは，2011年4月にデザイナー佐藤利樹の企画発
案で「コットンヌーボー」が発売されたが，フェアトレード（Fair Trade,
公正取引）によるタンザニア産のオーガニック・コットンを使用している。
スイスのリーメイ（REMEI）社のビオリプロジェクト（bioRe PROJECT）
によって，タンザニアに実験農場やトレーニング施設，宿泊施設を用意し，
オーガニック・コットンの作り方を普及させている。5年契約という保証
を付けて，提携している農場で収穫されたオーガニック・コットンの70％
を，市場価格に15％というプレミアム価格を上乗せして買い取っている。

　タンザニアには，乾季になると川が干上がり清潔な水を手に入れること

が困難になるため，遠くまで水汲みに行くことを余儀なくされる地域が多くある。IKEUCHI ORGANICは，「コットンヌーボー」を発売開始して以来，毎年スイスのリーメイ社に売上の一部を寄付して，タンザニアに毎年1本の井戸を寄贈している。現地の生産者の暮らしをより豊かで快適なものにしていくことを願って，20年で20本の井戸設置を目標としている。

　オーガニック・コットンの品質は，その年の天候に左右されるため，一般的にタオルの品質を安定化させるために複数年に採取されたものを混ぜるが，IKEUCHI ORGANICの「コットンヌーボー」は年度で区切って収穫し紡績されたものを使い，色，肌触りなどが毎年異なるということで，ワインのように毎年の変化を楽しむことができる。このような製品作りは，世界でも初めてである。「コットンヌーボー」が，2013年9月の米国テレビ芸術科学アカデミー主催のエミー賞でハリウッドスターに配られるギフトに選ばれており，2015年9月には（公財）日本デザイン振興会主催のグッドデザイン賞を受賞した。

　IKEUCHI ORGANIC製品のオーガニック・コットン率は99.98％で，残りの0.02％にあたるミシン糸はオーガニック・コットンではない。しかし，コットンヌーボー2016は，ミシン糸や刺しゅう糸までオーガニック・コットンを使用している。糸まで含めて全製品を100％オーガニック・コットンにするには，これから10年以上はかかると見ている。

　IKEUCHI ORGANICは，運転資金の不足，設備資金の不足などを理由に，2008年2月にベンチャー・中小企業向けの「ファンド in Tokyo（資金調達マッチングイベント）」へ参加，風で織るタオルをアピールして出資を受け，タオルの生産を行った。また，タンザニアでオーガニックの綿畑を増やすと同時に，低賃金労働を強いられる農民たちの生活を助けるために，ミュージックセキュリティーズ㈱と連携して2010年に「風で織るタオルファンド」を立ち上げ（募集期間2010年11月30日-2011年3月31日），コットンヌーボーの生産を行った。その後も，「風で織るタオルファンド2012」を立ち上げ（募集期間2011年11月30日-2012年6月30日），再びコットンヌーボーの生産に活用した。それ以来，2014年9月に直営の京都ストアをオープンさせる際も，「風で織るタオルファンド2014」を立ち上げ

（募集期間2014年7月24日 – 2015年1月30日），開設資金に充当した。プロジェクトのコンセプトに共感した従来からの個人ファンからの資金調達に成功し，顧客との関係がさらに深くなり，資金提供者と顧客が同一ということで，売上の増加にもつながった。

• 5.2.2.3　産地を守るために

　今治タオルの産地は，1990年代以降の急激な市場規模の縮小に悩んでいた。その中で，中国やベトナムといったアジア諸国が日本向けに廉価でタオルを輸出したために，2000年から国内生産量と輸入量が逆転した。日本では，タオルの多くがギフト用製品で，デザイン性の良いバーバリー（Burberry）社，アディダス（Adidas）社などからのライセンスが多い。ギフトタオルには，葬式に配るものや香典のお返しなどが多くあり，この場合箱入りタオルの中からお返しを受ける人がカタログを見てブランド名で選んでいる。高品質などの特徴を示さなかったために，日本のタオルと中国のタオルの品質差異がわからなくなって，日本で中国のタオルが普及するようになったのである。

　タオルは，13から14の工程に分けて分業化されており，IKEUCHI ORGANICは受注，企画，製織，検品，出荷を行い，他の工程は外注している。同社は，国内タオルの品質向上に加えて，情報を共有して，生産から販売まで無駄を省いてコストを下げようと，1997年に「クイック・レスポンス（QR: Quick Response）」を導入した。この一環として，「今治バーチャル・ファクトリー・システム計画」というプランを策定し，原料から製品が出来上がるまでの工程を1つのバーチャル企業の中で実行するという仮想のシステムによって，発注を受けた段階でタオル会社の納期を優先した生産工程を組むようになった。発注と同時に計画を組むので，たとえば最終工程にあたる縫製を受け持つ会社には1か月前に仕事の予定が入った。卸問屋からタオル会社に電話やファックスで入る注文をコントロールセンターのパソコンに入力して，13から14の工程を分担する工場ごとの生産計画を作成し，加工指示を行い，進捗管理，検品・集荷などをコントロールしている。工場とコントロールセンターの間のデータのやりとりによって各工場の状

況が正確に把握できたため，無駄の少ない生産活動が展開できるようになった。

　また，IKEUCHI ORGANIC は，「販売時点情報管理（Point of Sale System: POS System）」を導入して，データを問屋経由で入手して分析し，「いま何が売れているのか，どのくらい売れているのか」を把握して，生産計画や新製品開発の参考資料にした。売れる製品を素早く適切な量だけ生産・供給して小売店の店頭に品切れや品余りを引き起こさないようにし，販売機会ロスや見切りロスをできるだけ出さないようにした。売れ行きに応じて生産・供給計画をかなり適切に手直ししたことで実需に対応でき，売上が増加し，最終的には在庫が減少してきた。売れないタオルを速やかに途中で生産をストップして，無駄を除いて，安く作ることができたのである。

　このような結果，工場出荷価格を 15% 下げることができた上に，実際に生産に要する期間は約 15 日足らずでも 45 日もかかった工程が，最終的には 21 日にリードタイムが半減した[32]。IKEUCHI ORGANIC は，原価管理票を見て，利益のある会社からの注文は優先して早く作るため注文が増えてきており，売上増，在庫圧縮という好結果を生んだことで，自社ブランドへの投資環境ができた。

　IKEUCHI ORGANIC は，今治という産地を守ろうと，アジアで作られたタオルと差別化を図るようになった。海外から入ってくる輸入タオルの多くは硬くて肌触りがゴワゴワとしていたので，原材料の綿が本来もっている柔らかい風合いを出そうとした。試行錯誤の中，通常のタオルに使う太くて丈夫な糸ではなく，ワイシャツ用の細く柔らかい糸を 2 本より合わせて，しかもループと呼ばれる起毛部分は従来の 2 倍の長さにした。その上，糸には製織の際に切れないよう糊付けがされているが，この糊の洗い落としが不十分なために本来のやわらかさが出ないことで，糸加工業者に糊をほぼ完全に洗い落とさせ，しかも天然のでんぷん糊を使わせることで問題を解決することができた。

　今治タオルの産地の企業の大多数は自社ブランドで売っていたが，ジャガードと先晒製法が柄織りに向いていて OEM 元に好まれたことで，1970 年代後半あたりから OEM に依存するようになった。しかし，1990 年代に

入ると海外からのタオルの輸入増大の影響を受けて，今治タオル企業の出荷金額が大きく減少してきた。そこで，デザイナー佐藤可士和に監修を依頼し，四国タオル工業組合主導のもとで，2006年に「今治タオル」というブランドを作って，OEM生産を捨て，自力で生き残る道を選んだ。今治タオルの素晴らしさを伝えるために白いタオルを作って，安心，安全，高品質を訴えるようになった。[33]

　この結果，今治タオルの生産シェアは，2012年の52.7％から2015年には58.2％と増加傾向にあり，成果が現れ始めている。このような結果を生んだ要因としては，今治という認知度の向上に加えて，問屋を通さない直接販売比率が高まったことなどを挙げることができる。[34] また，「今治タオル」というブランド名以外に，独自の自社ブランドを立ち上げる動きが加速している。「今治タオル」のさらなる成長に向けて，ブランド価値を維持拡大するための品質基準の見直し，海外の展示会への出展などによる販路の拡大を図り，技術の向上と継承のための人材育成に取り組むことにしている。IKEUCHI ORGANICのすべてのタオルが「今治タオル」の認定を取得している。

　IKEUCHI ORGANICは，アメリカで販売しているタオルも今治で生産している。タオル生産には，電化製品のようなマニュアルがなく，原材料，水，作る人という3つの要素がからみ合っているので，海外に工場を作れないし，海外に工場を建てる予定もない。同社では，原材料を海外から買っているが，タオルを高い値段で売っているので，原材料が高くても問題ない。タオルを安く作って，安く売るために，海外で生産を行っているタオルメーカーがあるが，人件費の高騰で今まで生産してきた進出国を捨て，またさらに人件費が安い国へと工場の移転を余儀なくされている。IKEUCHI ORGANICは，品質と環境にこだわって，高価格で販売して，国内で製造する自社ブランドで勝負しているので，人件費高騰による工場移転を考える必要はないとしている。同社のタオルは，アメリカ以外に，カナダ，中国，韓国，台湾でも売っている。

■ 5.2.3　環境経営

● 5.2.3.1　最大限の安全と最小限の環境負荷

IKEUCHI ORGANICは，最大限の安全と最小限の環境負荷で作るトータルオーガニックテキスタイルカンパニーとして，環境対策に最重点的に取り組んでいる企業以外とは取引しない。

KEUCHI ORGANICは，1980年代末に環境経営の一環としてエコマークを取得していたが，1990年代初めになって環境経営はイメージだけで，データで実証できないことに嫌気がさしてやめてしまった。しかし，同社が，1999年に環境経営に本格的に取り組むようになったきっかけは，1996年に来日したデンマークのグリーン・コットン（Green Cotton）というオーガニック・コットン衣類のブランドを持っているノボテックス（Novotex）社のライフ・ノルガード（Leif Norgaard）社長との出会いからであった。ノルガード社長は，自社の排水処理技術が自慢であったが，今治タオル関連7社によるYグループ協同組合運営の染色工場であるインターワークス（Interworks）の存在を知って，その施設を見学した後，排水処理施設の優秀さに驚きながら，環境経営に対してあまりにも無知であることを指摘し，IKEUCHI ORGANICが本気で環境経営に取り組むためには，その第一歩としてISOの認証取得を行う必要があると勧められた。

IKEUCHI ORGANICは，1999年3月にISO 14001を，2000年2月にISO 9001の認証取得を行ったが，これは業界では初の事例であった。ISO 14001の認証取得を果たしたことで，ノボテックス社から重金属を含まない反応染料を使用したローインパクトダイ染色手法を導入して，1999年に生まれたのがオーガニック・コットンを使ったタオルであった。インターワークスのお陰で，ローインパクトダイ染色手法によるオーガニックコットンタオルを作ることができたのである。ISO 14001の認証取得により，従業員1人ひとりの環境についてのモラルが向上した。しかし，ISO 14001の認証取得をしても，3年ごとの更新費用の割には得られるものがなかったので，2010年2月にISO 14001とISO 9001の認証取得を取りやめた。今後は，第三者機関の認定に頼ることなく，より厳しい自社の環境基準でマネジメ

ントしていくとのことであった。

IKEUCHI ORGANICは，スイスのリーメイ社のビオリプロジェクトによって，インド，タンザニアで栽培され，オーガニック・テキスタイルの世界基準GOTS（Global Organic Textile Standard）の認証をクリアしたオーガニック・コットンのみを原材料として採用している。[35]同社は，畑から紡績工程まで審査対象とするEU基準に基づいて，スイスのバイオ・インスペクタ（BIO-INSPECTA）から審査を受け，オーガニック認定を取得している。遺伝子組換えでない種を使い，3年以上化学肥料や農薬を使用していない畑で栽培，収穫したコットンを認定の紡績工場で糸にしていること，畑や工場で生産にかかわる人々の労働条件が適正かどうかも審査することで生産者の人権を守っていることを条件にしている。

タオルの原料となるコットンは，輸送距離が短いと環境負荷が少なくなるので，日本で栽培されたものがこの点では一番良いが，和綿は強度が弱くて，海外の綿とブレンドしなければならない問題がある。普通の綿花は，オーガニック・コットンと異なって，大量の農薬や枯葉剤を使っており，日本ではオーガニック・コットンが栽培されていないのも問題である。また，日本には認定紡績工場がないのも問題である。オーガニック・コットンの流通量が少ないために，一般のコットンに比べ仕入れ値が5倍と価格が高い。

さらに，IKEUCHI ORGANICは，2001年11月から繊維製品の安全性テストを実施するスイスの機関であるエコテックスによって，全加工段階に使われる原材料だけでなく，全化学薬品の安全性がテストされ，乳幼児が口に含んでも安全という「エコテックス・スタンダード100・クラス1（Oeko-Tex Standard 100・Class 1)」という認定を業界で初めて受けている。[36]このときの具体的な品質基準や数値を公表することで，製品の安全性を示すことにしている。タオルは，毎日使って洗い天日で干すために，品質の耐久性や堅牢性が要求されるので，製品の寿命を長く保てる方が，環境に与える負荷が少ないという考え方から，必要最小限の化学薬品を使用しているが，「エコテックス・スタンダード100・クラス1」によって安全性を証明している。エコテックスは，毎年テストを受け，認定の更新を行わない

といけない。

　IKEUCHI ORGANICは，2015年12月に食品安全マネジメント・システムであるISO 22000を業界で初めて認証取得した。創業120周年にあたる2073年までに，赤ちゃんが食べられるタオルを作るという目標に向かって，その第一歩を踏み出したのである。物理的安全性のために，乳幼児が食べても安全なタオルを作ろうとして，異物混入などの危険性を極限まで抑え込むことに取り組んでいる。また，生物学的安全性のために全製品遺伝子組み換えでないオーガニック・コットンを使用し，化学的安全性のために全製品「エコテックス・スタンダード100・クラス１」の認定を受けている。このような取り組みは，安全と環境配慮のための新しい挑戦といえる。

　東レが竹を原料にしてビスコース法で製造したバンブー繊維である爽竹を開発して，これをタオルに使ってみないかという依頼がきたことで，IKEUCHI ORGANICは2003年の夏からタオルにバンブーレーヨンと名付けられた竹繊維を使うようになった。同社のバンブーレーヨンには，中国四川省で栽培された竹を使っている。バンブーレーヨンは，シルクのような光沢，カシミヤのような肌触り，ソフトな風合いがあり，ひんやりした肌触り，接触冷感，コットンよりも素早く水を吸い取り，よく乾く性質を持っている。繊維の表面がなめらかで摩擦が少ないため，静電気を起こすことも少ない。竹も天然素材ということで，同社ではオーガニックと呼んでおり，なめらかでやわらかいバンブーレーヨンの強度を補うために，ベースの糸にはコシのあるオーガニック・コットンを使用している。竹は３年くらいのサイクルで成長を繰り返し，計画的に育林をすれば永遠に活用することのできる環境に優しい天然の素材である。

　IKEUCHI ORGANICは，四国電力㈱に納める通常の電気料金とは別に，2002年１月から中小企業としては初めて，秋田県の東北電力㈱のある能代風力発電所と風力発電の委託契約を行っている。この取り組みは，ISO 14001認証取得の更新のために行ったもので，IKTというブランド名の向上のために迷いはなかったし，2003年に「風で織るタオル」というブランド名が誕生するきっかけとなった。このグリーン電力証書によって，自社の使用電力の100％を風力発電でまかなう日本初の企業となった。2002年

から2004年までは年間40.0万kWhを，2005年からは年間25.0万kWhを購入している。バスタオル1枚で約1kWh電力を消費しているが，1kWh発電で約473gの二酸化炭素が発生すると推測されているので，バスタオル1枚あたり約0.473kgの二酸化炭素を削減していると見ることができる。[37]

　IKEUCHI ORGANICは，経済産業省の外局である資源エネルギー庁より，2008年の「第12回新エネルギー大賞」で審査委員長特別賞を受賞した。風力発電によるブランド化と地球環境負荷低減という取り組みは，新しいビジネスモデルであり，他業種への波及も期待できると評価された。また，同社は，グリーン購入ネットワーク（GPN）主催による2010年の「第12回グリーン購入大賞」で大賞を受賞した。環境配慮製品の販売という内容で応募して，風力発電とエコテックス認定が評価された。さらに，同社は，2013年6月に再生可能エネルギーの環境ラベル「WindMade（ウインドメイド）」認定を日本企業で初めて取得した。

• 5.2.3.2　環境に配慮したタオル

　タオル製造工程の中で，一番多くのエネルギーを使用する染色工程の中でも，精錬漂白の工程が多くのエネルギーを消費しているが，すべての繊維製品は糸もしくは生地加工の段階で精錬漂白の加工が施され，その後に晒し加工や染色加工が行われる。通常の精錬漂白は約120℃の高温水で40－60分の時間をかけ，たくさんのエネルギーを使いながら多くの化学薬品を使った加工が行われ，この方法は50年前くらいからほとんど進化していない。その反面，オゾン漂白は36℃くらいで反応するために，あまりエネルギーを使わないので環境に良く，常温だから綿糸に負担をあまりかけないためソフトに仕上がるメリットがある。[38]オゾン漂白は，大和染工㈱と愛媛大学の産学協同の研究成果によるもので，大和染工㈱から使い道があるかと尋ねられ，IKEUCHI ORGANICはタオル生産に使うようになった。

　IKEUCHI ORGANICでは，廃棄物を減らすために再利用綿を製品化している。綿糸はコリ（梱）単位で売られており，1コリは400ポンドで，購入した綿糸を全部使い切れないために，最初から色むらがあることを考えて製品を作っている。

　また，IKEUCHI ORGANICは，使い古したタオルをバイオエタノールに戻す運動も行っている。実験段階では65％くらいのバイオエタノールがとれており，とうもろこしよりも多くとれている。2008年12月から日本環境設計㈱が大和染工㈱の敷地で，バイオエタノール専用の小型プラントを作って稼動している。

　IKEUCHI ORGANICは，廃水を浄化してから瀬戸内海に流している。「瀬戸内海環境保全特別措置法（略称瀬戸内法）」と呼ばれる世界で最も厳しいとされる排水規制に対処するため，1992年4月に吉井タオル㈱の創業者である吉井久社長の誘いで，今治タオル関連7社でYグループ共同組合を立ち上げ，愛媛県西条市に染色工場インターワークスを創業したが，ここは浄化施設も備えている。石鎚山系の地下水を使って，糊を洗い落とし，色を染めたのち，5時間以上かけて洗浄している。このときに発生した廃水は，バクテリアを使って長時間かけて処理している。この施設では24時間リアルタイムで排水をチェックしており，愛媛県職員が毎月それを点検に訪れる。

　IKEUCHI ORGANICは，社内で使用している車を順次に低燃費の車に変えてきた。しかし，物流は運送会社に委託しており，主に佐川急便を利用している。タオル輸送のトラックから鉄道への転換は，日本全体のシステムが変わらないと現状では難しいと考えている。日本からアメリカに船便と航空便を併用して送るタオルの輸送コストも無視できないが，富裕層向けに販売価格を高く設定したことで問題はなく，アメリカでは現金決済が基本なので，販売リスクも少なくて済む。

　IKEUCHI ORGANICは，2015年から瀬戸内地域の里山・里海を守るために，「瀬戸内里山・里海どんぐり大作戦」と連携しており，コットンヌーボーの売上の一部を里山・里海の保全活動を行っている団体に寄付することで，瀬戸内地域の里山・里海を守るための活動を応援している。

　一般に製品価格に占める流通コストの割合はかなりの比率になるが，IKEUCHI ORGANICは直営店の開設（今治ファクトリーストア，東京，京都，福岡），インターネット（オフィシャルWEBショップ，楽天市場WEBショップ，USA WEBショップ）などを介しての販売という，非常にシン

プルな流通ルートを構築しているので，流通コストが非常に安く抑えられている。そのため，市場にたくさん出回っているような，どこでも買えるタオルではない。同社では，流通コストを犠牲にして，製品品質を上げている。同社のような，小さいファクトリー・ブランドが品質で勝負するためには，流通コストを削らざるを得なかったのである。同社で重視しているのは，量産するのではなく，高品質で高付加価値のある環境に配慮した製品作りを行うことである。同社では，売れる製品ではなく，売りたい製品に想いを寄せているのである。

IKEUCHI ORGANICは，これからも環境を念頭に置いた製品作りをしていくとのことである。最大限の安全と最小限の環境負荷のために，モデルチェンジを極力避けて，タオルのライフサイクルをできるだけ長くするつもりである。日本製は一般に安心だと，感覚だけで多くの人は信じているが，同社では今後もデータで示していくとのことであった。社長自らがインターネットによって，ホンモノ製品，もったいない製品に対する想いを顧客に伝えて売上を伸ばしている。高品質という高い技術力に加え，環境配慮という新しい付加価値を足したことで，新しい価値を生み出すことができ，企業存続の危機から脱却することができた。同社のこのような取り組みが評価されたことで，マスコミの取材はもちろん，環境関連イベントなどにも招待されることが多くなって，さらに環境関連知識の習得を続け，環境に配慮したタオルを作り続けている。

■ 5.2.4 まとめ

IKEUCHI ORGANICは，企業存続の危機に際し，OEM製品主体から自社ブランド製品主体へシフトする中で，引き続き高品質へのこだわりに加え，環境に配慮した製品作りを追求したことで，売上拡大に成功している。1999年に他のタオルメーカーに比べ，一歩進んだ環境経営に取り組むという差別化によって新しい価値を生み出したことで，社会の注目を浴びることができた。トップコミットメントによって，積極的に環境経営を推進したことが成功要因になっている。この結果，タオルを新たな可能性のある

産業へと生まれ変わらせ，日本のタオル産業を牽引するまでに至っている。

■ **5.3** 石けんメーカー㈱マックス

■ **5.3.1　111年の歴史を持つ石けんメーカー**

　大阪府八尾市に本社がある㈱マックスは，1905年に創業した，従業員数[42)]
が2014年11月現在，80人の中小の老舗石けんメーカーである。同社は，洗
濯石けんの製造から始めて，1916年に化粧石けんの製造を開始して今日に[43)]
至っている。2016年現在，創業から111年を迎えており，長い年月を経て
事業を続けられたのは，良い石けんを作るという本業に専念したからであ
る。関西を基盤とする石けんメーカーで，全国的な知名度こそないものの，
小さいメーカーながら高品質を重視した石けん作りを追求している。常に
世の中の変化に合わせて，独自技術で石けんを作っている。

　日本では，1870年（明治3年）に官主導で石けんが初めて作られた。1873
年に民間で石けん製造が始まり，1888年には銘柄石けんが発売された。明[44)]
治時代に石けん製造業で多くの起業が見られ，今もその流れをルーツとす
る石けんメーカーがいくつかある。

　1960年に合成洗剤の安全性と人体と環境への影響を巡る洗剤論争が始ま
って，石けんが人体と環境に優しいという風潮が広まった。それ以来，無[45)]
添加石けんは健康に良くて環境にも優しく，それ以外は人体に有害という[46)]
宣伝の仕方が奏功して，1990年代初めから純度の高い無添加石けんが徐々
にシェアを伸ばして，今日に至っている。このような傾向は日本特有のも
のであり，この健康，環境への影響の見方は，その他の多くの国では見ら
れないが，少なからず韓国と台湾もこの影響を受けてはいる。しかし，純
度の高い無添加石けんは，製造過程でエネルギー消費が多く，保護成分が
少なくて肌への刺激も強くなるので良い石けんとは必ずしもいえない。[47)]

　石けんの日本国内流通量は，1980年代をピークに減少し始めたが，マイ
ソープ志向，インターネット広告による消費者への需要喚起などで，近年

はその減少ペースも緩やかになってきた。マックスは，このような状況の中で，石けん一筋に思いを込めて，ライフスタイルに合わせた石けん作りを行っている。

■ 5.3.2　品質経営

● 5.3.2.1　良き石けん作り

　マックスは，創業以来人々の暮らしを清潔に，やすらぎとうるおいのあるものにするをモットーに良き石けん作りを追求している。同社では，経営理念，信頼性，品質という不変であるべきものは守り，製品，技術，サービスという変えるべきものは変え，そして厳しい環境変化に俊敏に対応し，常に新たな選択肢を創造する自己変革型企業を目指している。さまざまな消費者の声に合わせて石けんの開発を独自に行った結果，特許取得も多く行っている。

　マックスでは，一般化粧石けん，特殊高級化粧石けん，贈答用化粧石けん，薬用石けん（医薬部外品），液体石けん（ボディ・ソープ），キャラクター化粧石けん，業務用化粧石けん，入浴剤（医薬部外品），液体洗浄料（シャンプー，リンス）などの製造，企画，販売を行っている。多品種少量生産であらゆるニーズに対応可能で，現状では固形石けんの生産量が多く，液体石けんの生産量が少ない。

　1990年代以降は景気の下降や価値観の変化とともにギフトの習慣が薄れ，家庭で使う石けんをそのつど購入するようになった上に，長引く不況で低価格の石けんに根強い人気が出ている。この時代背景から，マックスでは，もともとはギフト石けんを中元，歳暮を中心に販売してきたが，売れ行きが落ち込んでいるギフト石けんを減らし，その代わりにスーパー・マーケット，ドラッグ・ストアに並べる手ごろな3パックの店頭向けの石けん，インターネット向けの高級石けんを主に手がけるようになった。同社で一番売れ行きが良いのが，3パックの店頭向け販売用石けんである。ところが，販売量こそ多くないとはいえ，利益率が一番高いのはインターネット向け販売用石けんである。また，同社では，OEM（相手先ブランドによる受注

製造）で化粧品メーカーの高級化粧石けんを作っているが，その生産量は自社ブランド石けんよりは少ない。

マックスは，石けん素地をマレーシア，インドネシアから輸入して石けんを作っている。マレーシアから石けん素地を船で運ぶのに1か月はかかる。そのため，同社は，石けん素地の状態で運ぶときは，酸化防止剤を入れないと変色してくるので，酸化防止剤入りの安い石けんを作っている。しかし，ヤシ油とパーム油を油の状態で運ぶときは，酸化防止剤を入れなくても変色しないので，無添加石けんを作っている。ヤシ油，パーム油を原料に，釜炊き法で，泡立ちが良くて，ソルビトールとグリセリンを入れることでみずみずしくしっとりして，見た目が綺麗な透明石けんを作っている。[48]

マックスは，1957年11月に本社と工場を大阪市西成区から大阪府八尾市へ移転して以来，全国的な販路開拓に乗り出し，量販店市場を開拓した。八尾本社工場は，2001年より6つの生産ラインを設けて，釜炊き法[49]と中和法[50]を用いて製造している。釜炊き法にはホット・プロセス製法とコールド・プロセス製法[51]があり，同社ではホット・プロセス製法[52]のみならず，コールド・プロセス製法によって有効成分がそのまま残っている石けんを製造するほど，肌に一番良い製法を追求している。

また，マックスでは，1982年に本社に研究設備が完備され，高品質石けんの生産を可能にする高度な品質管理体制が出来上がった。1985年には本社に企画・デザイン室を設置して，原材料調達から生産，使用，廃棄，リサイクルまでの環境配慮だけでなく，石けんとしての価値を損なわないものづくりを実現したライフスタイル提案型石けんのパイオニアとなった。さらに，1987年に大阪市内にクリエイティブオフィスを設立して，伝統を超える若い力とグローバルな視野による付加価値のある新たな石けん開発を目指している。一方，1958年に販売拡大のために東京営業所を開設し，1992年にそれを東京支店へと拡大し，東京・大阪を2大拠点として，多様化するマーケット・ニーズに対応した営業活動を行っている。

マックスは，1991年に奈良県橿原市に商品管理物流センターを開設して，同じ敷地内に1997年に液体洗浄料部門を新設し，2001年に粉体入浴剤部門を移転して奈良工場とした。製造の将来を見すえての措置であった。また，

2006年に商品管理物流センターを奈良県天理市に移設したことで，2008年に奈良工場に物流倉庫を新設した。八尾本社工場から奈良工場までは，車を使って1時間で移動が可能なので便利である。八尾本社工場の周りは，民家で満ち満ちていて敷地に限りがあって，奈良工場に本社工場を移転する計画があったが，全部移すには敷地がなくて断念した。今のところ，八尾本社工場では固形石けんを，奈良工場では液体石けんを製造している。

● 5.3.2.2　素肌に優しい安全な石けん作り

　若い消費者は，チューブ入りの洗顔料やボトル入りの液体のボディ・ソープに慣れ親しんできたため，固形石けんを新鮮に感じる傾向があり，インターネットの影響で石けんへの好感度が増えてきている。

　マックスでは，インターネット向けの高級石けんとして，たとえば，大人の気になるいやなニオイを防ぐ薬用柿渋石鹸「柿のさち」が開発された。柿渋エキスは，松江市（東出雲）のプレミアム柿から抽出している。柿渋のトレーサビリティ（traceability）を[53]，はっきりさせて製造・販売している。同社が取得した特許製法により，泡立ちが従来品より大幅にアップしている。きめ細かな泡が毛穴の奥まで入り込み，皮脂や汚れをやさしく洗い上げてくれる。イヤなニオイの原因であるノネナールを96.9%除去することが科学的に実証されている。

　また，マックスの「素あわ」と称する製品は，カサつきや肌荒れを防ぐ同社独自の石鹸あわで，汚れを包み込み，角質を傷つけずに洗い流し，有効成分であるグリチルリチン酸ジカリウムの働きにより肌荒れを防いでくれる。特許出願中の同社独自の石けんあわは，きめ細かく，弾力があり，毛穴の汚れもしっかり包み込んで落として，キレイに洗い上げてくれる。

　マックスが，独自石けんを企画して販売することで，石けんの種類が増し，消費者側の選択の幅も広がってきている。同社のあらゆる部門が力を結集し，ニーズを的確にとらえ，変化する時代の中で，消費者が納得する石けん作りを追求している。

　マックスでは，「十二支」石けんも作っており，この二十余年間東急ハンズやロフトで年末だけ販売を行っている。この石けんは，水分が蒸発して

3日ほど経つと十二支動物の表面から毛が出てくるが，現在この特許は切れている。筆者がもらってきたうさぎ石けんは実際に1日経って毛が出てきた。

また，石けんは彫りやすく，消費者の中には趣味でソープ・カービング教室を開いて，ソープをカットして飾って香りを楽しんでいる者もいる。できたてのほうが石けんは柔らかくて彫りやすいので，マックスはソープ・カービング用にできたて石けんの販売を行っている。同社の石けんは，彫りやすく，香りが良く，色が良くて，肌がすべすべになり，望んでいる個数と納期に合わせてくれるという，ニーズに沿った迅速な対応を行っていることでも評判を得ている。

マックスでは，新しい石けんを開発して新製品を販売するために，日々新しいもの，新しい方法を考えている。石けん市場は厳しいが，日常生活に石けんはなくてはならず，同社が，創業してから111年存続できたのは，本業だけに専念したからである。同社では，これからも環境に配慮した石けんを作り，インターネットによる販売量を増やし，一般店頭向けの石けんの販売量もさらに伸ばす計画を持っている。同社が今まで存続できたのは，創業以来ずっと素肌に優しい安全な石けん作りを続けていることにその秘訣がある。

■ 5.3.3　環境経営

● 5.3.3.1　全従業員を挙げて環境経営を推進

マックスは，2005年にISO 14001の認証取得を行って以来，環境経営に力を入れている。同社では，CSR報告書を作ってはいるが，一般には公開せず，取引先だけに配っている。同社では，事業活動によって，地球環境の保全及び地域への貢献を行っている。この一環として，省資源，省エネルギー，リサイクルの推進，廃棄物の削減，廃水の管理強化を推進しており，目標を高めるために環境憲章を作っている。そこで，同社では，水に優しい洗浄剤の開発・販売，二酸化炭素排出量の削減のための省エネルギー活動に加えて，環境基金への協力などの社会貢献活動も行っている。た

とえば，同社では，2011年1月に奈良工場に太陽光パネルを設置し，二酸化炭素排出量の削減に貢献している。同社の奈良工場は，準工業地帯なので，太陽光パネルの設置に問題はなかった。同工場の石けん製造には，大きな機械を使用しており，そのために多くのエネルギーを必要としているので，太陽光発電だけではまかないきれていない。

マックスでは，環境方針と理念をカードに書いて全従業員に配って，各部署で朝礼時に読ませており，月に1回ずつ全従業員を集めて環境憲章を読ませ，その主旨を確認させている。同社では，ISO 14001の実践のために教育訓練の計画を立てており，たとえば，電力使用量の削減結果を各部門で報告させ，朝礼などで環境教育を行っている。企業によっては，環境経営を行う中で従業員がそれに十分従ってくれず，環境経営担当部署だけで実践するにとどまっていてうまく進展しない所が見受けられるが，同社では従業員教育によって適切に運んでいると見える。

• 5.3.3.2　河川を汚しているのは家庭からの排水

マックスの八尾本社工場では，固形の石けんを作っており，製造機械の小さい部品だけは水洗いをし，機械そのものは水洗いをしないので，その際に発生する排水は少ない。しかも，その排水を溜めておいて，浄化して河川に流している。同社の奈良工場では，液体石けんを作っており，機械を蒸気で洗浄して水で流しているので，その際に発生する排水が多く，その排水を敷地内の排水処理施設で浄化して河川に流している。同社の両工場で流している排水には，有害物質は含まれていないが，大量に流すと環境負荷を増大させる恐れがある。

界面活性剤などの有機物は，河川や湖などの環境水系中の微生物の働きによって分解され，最終的に二酸化炭素，水などの無機物になるために，有機物濃度は低く，魚への影響の心配はない。（公社）日本下水道協会は，2016年3月31日現在，日本の下水道普及率は77.8％と公表している。[54]今のところ，有機汚濁の原因の70％が一般家庭からの生活排水とされ，家庭から出てくる生活排水は，河川などを汚す大きな要因になっている。下水処理施設の整備が未だ十分でないため，家庭からの排水のうち，食べ物の残滓と

油を含んだ排水が最も多く河川などを汚している。界面活性剤による生態系リスクは低いと考えられており，人の健康に影響を及ぼすリスクも低いことが確認されている。[55)]

　マックスでは，以前には製造した石けんの残留物を押し出し成型機械から取り出して廃棄処分していたが，これを集めて混合してリサイクル石けんを作っている。リサイクル石けんを作る前までには，年間100トンの廃棄物を捨てていたので，その廃棄費用がかかっていた。押し出し成型機械の中の残留物はもともと化粧石けんだが，複数の残留物を混合してしまっているので，どの種類の石けんがどれくらい含有されているかはわからない。したがって，化粧石けんとして売ることはできない。そこで，同社では，台所用石けんとして「まかない石けん」と名付けて取引先に配っており，販売ルートを探してエコプロダクツ2010にも出展した。法律上は，化粧石けん，台所用石けん，住まいの洗剤などと決められているので，その表示さえきちんとすれば販売に問題はない。同社は，1個ごとに異なる色，異なる匂いのこの石けんについては，消費者に説明する必要があり，普通の石けんのように店頭に並べるだけでは，販売ができないと考えている。筆者が使った経験では，同社のこの石けんはにおいが良く，汚れが良く落ちて，使った後の手が大変すべすべであった。

　マックスは，海外に工場を設置する計画を持っていない。直接肌に触れるものということで，国内自社製造にこだわっており，製造工程では徹底して品質を管理している。原材料にもこだわって，たとえば2014年より自社農園であるマックスナチュラルファームを開設して，サボンソウやどくだみなどの原材料を無農薬，有機栽培によって栽培して安全性を確保するなど，出所をはっきりさせた原材料率を高めている。同社では，消費者が安心して使えるものづくりを追求しているのである。

　マックスでは，紙袋，ダンボールケース，容器，混合物はすべて各々の専門業者に任せて処分している。同社では，マレーシア，インドネシアから石けんの原料を輸入しているが，これらの国のプランテーションで大量栽培して，分析データを付けてもらい，それを受け入れてから規格通りかを同社で再確認することで，消費者に安心と信頼を与えている。マレーシ

ア，インドネシアから輸入している石けん素地は1袋80kgで，船とトラックを利用してコンテナで運んでいる。コンテナごとに，同社ではすべてを輸送業者に任せている。同社では，出来上がった石けんの運搬も輸送業者に任せており，鉄道で運ぶ予定はない。

■ 5.3.4　まとめ

　石けんは，肌と自然環境に優しいものである。消費者に石けんの魅力をより強く与えることができれば，石けんの需要も増えてくるに違いない。石けんによる環境問題の解決策は，純度の高い無添加石けんの追求ではなく，消費者の不適切な選択，過剰使用と下水道の不備の改善などにある。これらの問題を解決するためにも，消費者は適切な石けん選択と適度な使用量，石けんメーカーはより良い石けんの開発，行政は下水道の完備に取り組む必要がある。良い石けんかどうかは，洗浄力，人体への安全性，環境負荷などを総合的に見て判断すべきである。

　今の日本で河川などを汚しているのは，家庭から出る食べ物の残滓と油を含んだ排水の影響が大きく，どの種類の石けんでも微生物で分解されやすいので，無添加石けんだけが環境に良いという根拠はない。実際，無添加石けんが良いという根拠はないのだが，今までの流れから，日本だけのこのような考えを変えるのは難しい。また，マレーシア，インドネシアではパーム油プランテーションによる熱帯雨林の破壊問題があるので，認証パーム油[56]を購入し，できる限り油脂の消費を抑える省資源型技術を開発して普及させた上で，さらにパーム油の代替品の開発を行うことも求められている。

　マックスは，2000年代半ばから環境経営に本格的に力を入れ始めており，着実に進めている。同社の環境経営関連の取り組みは，熱心で，全従業員が一丸となってその実践を試みている点が高く評価できる。しかし，名の知られている石けんメーカーに比べ，環境経営への取り組みに遅れをとったこともあって，あまり注目を浴びることができず，高い品質の石けんを作っているにもかかわらず，業績を伸ばすまでにはいかなかった。マック

スのブランド認知度からすると，1910年2月に創業した無添加石けんのパイオニアとして知られているシャボン玉石けん㈱の名声を乗り越えるのは難しい。トップコミットメントによる環境経営を推進するための強力な体制作りをした上で，情報公開をいかに行うかによって状況も変わってくるであろう。

　シャボン玉石けんの現在の3代目社長は，「もう10年早く合成洗剤の有害性に気づいて石けんに切り替えていたら，会社の体力が持たず倒産していたでしょうし，もう10年遅ければ，安心・安全というブランドも今ほど築けなかったと思う。運が良かったとしかいいようがない」と語っていた。このように，他の企業より一歩先に進まないと，ブランド認知度を高めることは難しい。他の企業との差別化を図る行動が必要である。

〈注〉

1) 1906年4月に水野兄弟商会として創業以来，1910年に美津濃商店と改名し，1942年に美津濃㈱と社名を変更。ミズノグループは，美津濃㈱を中心に，子会社19社及び関連会社4社で構成される。

2) 2016年3月期の場合，地域別売上高の比率を見ると，日本64.6%，米国16.1%，アジア・オセアニア11.3%，欧州8.2%で，主要事業別売上比率を見ると，フットウェア32.0%，アパレル29.1%，イクイップメント24.4%，サービス・その他14.5%。

3) ㈱アシックスは，1949年9月に創業，1977年7月にオニツカ㈱，㈱ジィティオ，ジェレンク㈱の3社が合併して，アシックスとなる。兵庫県神戸市に本社。各種スポーツ用品などの製造及び販売。2015年12月期実績の売上高は，連結428,496百万円，単体28,504百万円。2015年12月期末の分野別売上比率は，スポーツシューズ類80.7%，スポーツウェア類14.4%，スポーツ用具類4.9%。2015年12月31日現在，従業員数は，連結7,263人，単体939人。関係会社は，国内10社，海外39社（米国，欧州，オセアニア／東南・南アジア，東アジア他）。

4) アディダス社は，1949年に設立，ドイツのバイエルン州に本社。1970年4月に㈱デサントと提携し，ウェアのみの製造・販売を開始して以来，ウェア，シューズ，バッグ，アクセサリー類の製造・販売。1998年2月に直営のアディダスジャパン㈱を設立，同年12月にデサントとの契約終了。

5) ナイキ社は，1968年に設立，アメリカのオレゴン州に本社。1977年から日商岩井㈱（2004年より双日㈱）がナイキ製品の日本での販売を開始，1981年10月にナイキ（51%）と日商岩井（49%）による合弁会社として㈱ナイキジャパンを設立，日本での本格的な販売を開始。1986年に経営危機に見舞われ，ナイキ保有の全株式を日商岩井に譲渡，1993年に業績が良くなってきたことで，経営権を日商岩井からナイキに移管，1994年に日商岩井保有の全株式をナイキに譲渡。

6) Wizpra［2015］8頁。

7) Crew 21 は，Conservation of Resources and Environmental Wave 21 の頭文字をとって命名。ミズノにおける環境に関し責任を持つ意思決定機関の名称。資源と環境の保全活動を実施していくという想いを込めている。最近の実績では，ミズノグリーングレード認定製品（2015年春夏新製品）は認定率99.2%，国内事業所及び生産拠点における二酸化炭素排出量（2014年度比）は4.2%削減，国内事業所及び生産拠点におけるガソリン・軽油使用量（2014年度比）は6.3%削減，国内事業所及び生産拠点における水使用量（2014年度比）は4.7%削減。

8) ミズノ［2016］『ミズノCSR報告書2015』32頁。

9) ミズノ［2016］『ミズノCSR報告書2015』33頁。

10) キャンペーンを起こした国際NGO，労働組合は，Oxfam，Clean Clothes Campaign，Global Unions。

11) アディダス，ナイキは，すでに対応しているとのことで，対象外。ナイキが1998年から製造委託先工場の労働環境を改善するための取り組みを始めるようになったことで，アディダスも対応をし始めるようになったため。

12) ミズノ［2016］『ミズノCSR報告書2016』23-24頁。評価Aは評価指数90以上，評価Bは評価指数80 - 89，評価Cは評価指数70 - 79，評価Dは評価指数69以下，または児童労働・強制労働が発見された場合。この評価ランクは，取引開始前のCSR事前評価はもちろん取引開始後のCSR監査にも適用。

13) ミズノ［2016］『ミズノCSR報告書2016』23頁。

14) チェック項目は，Yes，No，NAで判定。実施しているのか，実施していないのかの確認。児童労働者はいるかと具体的に質問。労働者に対して，人権被害，労働被害がないようにするためのもの。スポーツ用品関連サプライヤーの場合，経営者のレベルが低く，（一社）電子情報技術産業協会（JEITA: Japan Electronics and Information Technology Industries Association）が2006年に作ったチェックシートのような難しい質問には答えてもらえない。工場は，規定がなくても動いているし，就業規則で精一杯。

15) ミズノ［2016］『ミズノCSR報告書2016』25頁。

16) ミズノ［2016］『ミズノCSR報告書2016』27頁。

17) ミズノ［2016］『ミズノCSR報告書2016』28頁。

18) ミズノ［2016］『ミズノCSR報告書2016』28頁。

19) インダストリオール・グローバルユニオンは，グローバル化の負の側面に対して製造系の労働組合がより強力な国際産業別労働組合組織を構築し対応すべく，2012年6月に，IMF（国際金属労連），ICEM（国際化学エネルギー鉱山一般労連），ITGLWF（国際繊維被服皮革労働組合同盟）の3GUF（国際産業別組織）が統合し，結成。略称は，インダストリオール。インダストリオールは，人権や労働組合の諸権利の保護・確立，賃金・労働条件の改善のために，世界の製造にかかわる労働者の連帯活動を推進する国際労働団体。世界140か国，5,000万人の製造・エネルギー・鉱山部門に働く労働者を組織。本部書記局は，スイス・ジュネーブ。

20) UAゼンセンは，2012年11月に，UIゼンセン同盟とサービス・流通連合が統合して誕生。正式名称は，全国繊維化学食品流通サービス一般労働組合同盟。総称は，UAゼンセン。繊維・衣料，医薬・化粧品，化学・エネルギー，窯業・建材，食品，流通，印刷，レジャー・サービス，福祉・医療産業，派遣業・業務請負業など，国民生活に関連する産業の労働者が結集して組織した産業別労働組合。2015年9月現在，2,449組合，1,572,921名。

21) ミズノユニオンは，美津濃㈱とミズノテクニクス㈱の正社員で構成。2015年3月現在1,713人。

22) 1953年2月に初代池内忠雄が輸出用タオルの生産のために池内タオル工場を創業して以

来，1969年2月に池内タオル㈱を設立して，ドイツを始めヨーロッパ市場を中心に展開。1983年2月4日に第二代代表取締役として池内計司が就任。2014年3月1日にIKEUCHI ORGANIC㈱と社名を変更。新しい社名には，すべての製品をオーガニック・コットンで作っており，タオル以外も作っているという意味が込められている。2016年6月に第三代代表取締役に阿部哲也が就任。

23) タオルという言葉の語源は，スペイン語のトアーリャ（Toalla）か，フランス語のティレール（Tirer）からきたといわれている。もともと浴布といった意味だが，現在は布面にパイルを持つテリー織りのことをタオルと呼んでいる。1811年フランスにおいて，その原理が考案されたのが最初ではないかと伝えられている。1872年（明治5年）に日本に初めてイギリスから輸入された綿タオルは，その暖かさと柔らかい肌触りのためか，首巻にも使用。

24) IKTは，池内タオルという意味で，アメリカ人がイケウチタオルと発音するのが難しいということで，アメリカ人が発音しやすいように付けられたブランド名。

25) IKEUCHI ORGANIC［2014］「オーガニック・コットンの最前線: オーガニック・コットンの今—コットンから見える世界」http://www.ikeuchi.org/organic/report/（2016年5月1日）。オーガニック・コットンは，インド，トルコ，中国，タンザニア，アメリカなどの18か国で生産。2011 – 2012年の収穫量は13万8,000トンで，世界の綿花の生産量の0.5％。

26) アメリカの上層部の3％である，収入が12万ドル以上の人が顧客。

27) ジャガードとは，織機の上に設置し，個々の経糸を上げたり下げたりすることで，複雑な柄を織る装置であり，これで織った織物がジャガード織物である。紋紙と呼ばれる紙に，一定の規則に従って穴を開け，その紋紙をジャガードに読ませ，選択的に経糸を上げ（それ以外の経糸は下がる），意図した柄を織る。電子ジャガードは，紋紙を使わずに，電子的信号によって経糸の上がり下がりを制御。上がり下がりの指令データは，記憶メディアから出力するか，ネットワークで直接ジャガードに出力。

28) ビオリプロジェクトは，インド，タンザニアで行なわれている貧困状態にある農村の人々の自立のためのソーシャルプロジェクト。有機農法（適切な管理のもとでの有機農法の推進），公正（上乗せ価格での買い取り，適正な労働環境の提供），エコロジー（自然環境を汚染する物質の排除），透明性（全製造工程におけるトレーサビリティとプロジェクト運営内容公開），革新（バイオガス活用などによる二酸化炭素削減，環境保全の推進）という5つの原則をもって事業を推進。このプロジェクトの中には，1997年に設立されたビオリ基金があって，生産者を支援する事業を展開。

29) 今治タオルの歴史は明治27年，泉州タオルの歴史は明治20年からで，かつて500社以上のタオル生産企業があったが，2015年12月31日現在，四国116社，大阪110社。日本のタオルは，2010年より四国と大阪の2か所で作られている。1960年に今治で開発されたタオルケットが爆発的に売れ，大阪タオル産地を追い抜いて，四国が日本最大のタオル産地になった。今治タオルは綿糸の晒しと染色を行い，色糸でタオルを織る方法である先晒製法を，泉州タオルは生のままの綿糸に糊を付けて生成色のタオルを織り，生地になった状態で晒しを行う後晒製法を用いている。

30) 四国タオル工業組合［2016］「タオルデータ」http://www.stia.jp/data/（2016年6月14日）。日本で流通しているタオルは，2015年現在，全体の21.3%が国内製で，残りの78.7%が中国製など。国内生産の21.3%のうち58.2%（11,409トン）は四国で作られ，残りの41.8%（8,201トン）は大阪。2015年度の輸出先は，中国32,934トン，香港31,802トン，台湾30,359トン，アメリカ8,224トン，シンガポール4,923トン，その他46,772トンで，輸入元は，中国

36,371 トン，ベトナム 25,973 トン，タイ 1,169 トン，インドネシア 1,140 トン，パキスタン 646 トン，アメリカ 2 トン，台湾 3 トン，その他 3,925 トン。

31) クイック・レスポンスは，輸入衣料品に圧迫されたアメリカ繊維産業が，1984 年に輸入対抗・国内産業生存策として打ち出した業界運動に端を発した方法論。これは，取引企業間の対等なパートナーシップの確立を基礎に，適切な製品を，適切な時期に，適切な価格で，適切な場において供給するシステムで，最短のリードタイムと最小のリスクで，しかも最大の競争力を持つように構築することを目指したもの。すなわち，織物などの原材料段階から縫製段階を経て小売り段階に至るまで，取引関係でつながった企業同士がパートナーとして信頼・協力関係を築き上げ，十分な情報共有を行って，売れる製品を過不足なく，すばやく生産し，供給していこうとするもの。

32) 池内 [2008] 145-152 頁。

33) 今治タオルは，品質維持のために，タオル特性として吸収性，脱毛率，パイル保持性，染色堅牢度として耐光，洗濯，汗，摩擦，物性として引張強さ，破裂強さ，寸法変化率，メロー巻き部分の滑脱抵抗力，有機物質として遊離ホルムアルデヒドという 12 の試験項目を設けている。特に，吸収性に関しては，日本タオル検査協会が設定している 60 秒以内よりも厳しく，タオル片を水に浮かべ 5 秒以内に沈むことを条件としている。

34) 佐藤可士和・四国タオル工業組合 [2014]。

35) 2005 年に定められた国際基準。オーガニック原料の使用規定から最終的な製品まで，すべての製造工程に関して，環境に負荷をかけないように行われているかという基準を設け，工場の排水データや，使用する薬剤の成分の安全性に至るまでの検査を義務付けている。「organic」の表示は，付属品を除いた製品の繊維組成の 95％以上が認証されたオーガニック繊維あるいはオーガニック移行中であることを示す。年 1 回の現場検査を受け，残留物試験をクリアすると与えられる。

36) 日本でのエコテックス認定は，2000 年からエコテックス国際共同体に加盟している（財）日本染色検査協会が行っている。この規格では，製品を 4 つに分類しており，クラス 1 は 3 歳以下の乳幼児用繊維製品と繊維製玩具（下着，ロンパース，寝具用シーツカバー類，寝具，縫いぐるみなど），クラス 2 は表面の大部分が直接肌に触れる繊維製品（下着，シャツ，ブラウス，ストッキング，寝具用シーツカバー類，タオル地製品など），クラス 3 は肌に触れないか，表面のごく一部を除いては肌に触れない繊維製品（上着，コート，アウトドア用品など），クラス 4 は装飾用インテリア材（テーブル用布製品，カーテン，家具用布地など）。

37) バスタオル 1 枚あたりの二酸化炭素の発生量は，「2007 東北電力の CO_2 排出原単位 0.473kg － CO_2/kWh」により算出。

38) 空気中の酸素にプラズマ放電を与え，オゾンを人工的に作るが，酸化漂白力が強く，自己分解が速いのが特徴。綿糸 1kg に対して使用水 10ℓ の場合，通常の精錬漂白時は糸 1kg で約 8.28mJ のエネルギーを必要とし，二酸化炭素が約 800g 排出されるが，オゾン漂白時は糸 1kg で 3.13mJ のエネルギーを必要とし，二酸化炭素が約 400g 排出される。すなわち，糸 1kg あたり二酸化炭素を約 400g 削減したことになる。オゾンの場合，高濃度は人体に有害であるが，0.01ppm 以下の低濃度なら問題ない。また，有害な残留物が出ないし，オゾン漂白の加工中は高濃度であるが，加工終了時とともにすべて分解されるので，加工されたタオルは安全である。

39) とうもろこし 1 トンから，バイオエタノールが約 300kg とれる。

40) 日本環境設計㈱と大阪大学先端科学イノベーションセンターが，2007 年から共同研究を重ね，

綿製品を特殊な酵素で分解してバイオエタノールを作る新技術を開発。高温で高圧をかけ，化学薬品を使って綿を分解しバイオエタノールを精製する方法が一般的であるが，新技術は常温で圧力をかけず，エネルギー消費も少ない。精製されたバイオエタノールは，タオル製造や染色の際の工場設備の燃料に利用されている。

41) 瀬戸内海は，古くから風光明媚な景勝地であり，豊かな漁場でもあるという恵まれた自然環境にあったが，1960年代から1970年代にかけて経済の高度成長に伴い，瀬戸内海周辺に産業や人口が集中したため，水質汚濁が急激に悪化。このため，瀬戸内海の水質の保全対策を行う必要から，瀬戸内海環境保全特別措置法が1973年10月に制定され，同年11月に施行された。1978年に改正され，恒久法となり，最終改正は2015年10月に行われた。2015年10月の改正では，瀬戸内海の現状に鑑み，瀬戸内海を豊かな海とするため，その環境の保全上有効な施策を一層推進しようとするもの。

42) 1905年に小川石鹸製造所として創立され，1947年に株式会社に改組して以来，石けんの製造と販売だけでなく，幅広い多目的営業業種取り扱い企業を志向して，1976年に㈱マックスと社名を変更。

43) サポーの丘で，神に供えた羊の脂と灰が雨に流され，川に堆積した土の中に，自然に石けんらしきものができた。ソープ（Soap）の語源は，このサポーの丘に由来しているといわれている。石けん作りは，8世紀頃には家内工業として定着し，12世紀頃から，地中海沿岸のオリーブ油と海藻灰を原料とした，現在の石けんに近いものが工業的に量産され始めた。18世紀末の産業革命によって，アルカリ剤を安く大量に製造する方法が発明されたことで，石けんが普及。医学の進歩ともあいまって，当時流行していた皮膚病や多くの経口伝染病の感染を大幅に減らした。

44) 日本に初めて石けんが入ってきたのは戦国時代末期のことで，ポルトガル船によってもたらされたが，将軍や大名などの限られた人たちだけしか手にすることかできなかった。明治後半になって，ようやく一般の人々も，洗顔や入浴，洗濯などに使用するようになった。明治政府は，軍隊内の保健衛生のために，石けんの製造と使用にも目を向けた。世界大戦後の日本の復興過程でも，石けんは重要生活物資の1つとして，比較的早くから立ち直り製造を再開した。

45) 日本石鹸洗剤工業会［1981］121-178頁，大矢［1998］：［2002］。琵琶湖で，1977年5月に悪臭を放つ赤褐色のプランクトンによる淡水赤潮が大発生し，洗剤論争の影響を受けて，その原因がリン分を含んだ合成洗剤にあるとされ，1980年7月にリンを含む家庭用合成洗剤の販売・使用・贈答の禁止，窒素やリンの工場排水規制を盛り込んだ「滋賀県琵琶湖の富栄養化の防止に関する条例（通称琵琶湖条例）」が施行された。洗剤が富栄養化の主原因だとする説には，疑問も多くあるが，日本の業界では1985年に無リン化を完了。国が，合成洗剤と石けんの環境に対する影響は一長一短であるとの見解を示しており，どちらが環境に良いか決めつけることはできないとしていた。

46) 全成分表に添加物の表記を避けるために，あらかじめ油脂に添加剤を添加しておいて，成分には石けん素地とだけ表記している石けんメーカーもある。このようなキャリーオーバー成分のために，無添加石けんと表記されていても，実際は無添加石けんではない場合もある。

47) 純石けん分は，脂肪酸ナトリウムと脂肪酸カリウムから成るが，その含有率が高い場合には泡立ちが良くて洗浄力も強いので，台所用などの洗剤には適しているが，グリセリンなどの保護成分がほとんど含まれていないために，肌への使用は刺激が強すぎる場合もある。保湿成分を多く含んだ石けんやマイルドな使用感の石けんは，純石けん分が高くない製品が多い。

48) 泡立ちを良くするには，ケン化工程で水酸化ナトリウムや水酸化カリウムを多く使えばいい。そうやって，アルカリ度（ケン化率）を高めれば泡立ちを良くすることができるが，実際は中和法とホット・プロセス製法による石けんがほとんど。透明石けんは，製造過程でエチルアルコールと砂糖を配合して作るが，どの製法でも透明にすることが可能で，砂糖によって保湿作用が加わり，マイルドな使用感になるが，アルコールを多く使用するので保護成分としてプロピレングリコール，ソルビトール，ポリエチレングリコールなどを添加する場合がある。また，差別化のために香料も使用される。

49) 釜炊き法はケン化法ともいい，天然油脂（脂肪酸，グリセリン）を炊いて苛性ソーダ（液体は苛性カリ）を反応させる方法で作る。ケン化反応が終わった後に塩析するので，純度の高い石けんが得られる。塩析とは，ケン化反応が終わってできた石けんの素に，食塩を加えて純粋な石けん分だけを取り出す工程のこと。塩析によって，純石けん分が上部に浮遊し，下部に不純物が沈殿するので，上部の純石けん分だけ取り出して石けんを作っている。マックスは，油脂と苛性ソーダを10トンくらいの釜の中で反応させ，100時間かけて何度も熟成と精製を繰り返して作っている。

50) 中和法は，油脂からグリセリン分を取り除いた脂肪酸と苛性ソーダ（液体は苛性カリ）を反応させる方法で作り，大量生産向きといえる。最初から脂肪酸だけを使うので不純物を取り除く塩析は必要ない。グリセリンが含まれていないので，肌に対する保護力に欠け，後でグリセリンや保湿剤を添加する場合がある。マックスは，数時間かけて100℃以上の高温に加熱して作っており，真空乾燥機を使って1日で出来上がり，1日5万個ないし6万個を作っている。

51) ホット・プロセス製法は，高温釜（100℃以上）で約7日間，苛性ソーダ使用量は100－120%，グリセリン含有率はおおよそ3－4%，純石けん分はおおよそ90%以上，製造期間は7日－10日で，長所はグリセリンが少し残り，泡立ちが良くて，不純物は少ないこと，短所は高温で天然成分を壊す場合があり，保湿に若干劣り，石けんカスが出やすいこと。

52) コールド・プロセス製法は，低温（約30－45℃）で約半日，苛性ソーダ使用量は80－90%，グリセリン含有率はおおよそ5－6%，純石けん分はおおよそ80－90%，製造期間は45－60日で，長所はグリセリンが残り，天然成分を壊さず，弱アルカリで肌に優しいこと，短所は製造に手間と時間がかかり，泡立ちが劣り，製造コストがかかること。この製法は，有効成分や不純物をそのまま石けんに加工するので，油脂が持つ有効成分がそのまま残るため，肌には一番良い製法。マックスは，油脂に苛性ソーダを加えて，約40℃で5－6時間撹拌し，2週間ほど固めて，1つずつカットし，8週間かけて自然乾燥しており，30kg－50kgで最大500個を作っている。

53) トレーサビリティとは，食品や医薬品，工業製品などの原材料や部品，製品などを個別（個体）ないしはロットごとに識別して，調達・加工・生産・流通・販売・廃棄などにまたがって履歴情報を参照できるようにすること。

54) 日本下水道協会［2016］「下水道処理人口普及率」http://www.jswa.jp/rate/（2016年5月1日）。

55) 環境省編［2016］354頁，環境省［2012］11，14頁，日本石鹸洗剤工業会［2010］「洗剤成分の環境影響は最終的には生態リスクでみる」http://jsda.org/w/02_anzen/senzai_anzensei_03.html（2010年12月15日）；［2016］「界面活性剤の環境モニタリング結果，2014年度も4河川7地点で予測無影響濃度を下回る」http://jsda.org/w/02_anzen/3kankyo_15_2015.html（2016年3月15日）。

56) 世界自然保護基金（WWF: World Wide Fund for Nature）は，2004年にパーム油の生産

から加工製品の流通に至るまでのステークホルダーを巻き込んだ「持続可能なパーム油の生産と利用を促進する非営利組織である「持続可能なパーム油のための円卓会議（RSPO: Roundtable on Sustainable Palm Oil）」を設立。「持続可能なパーム油のための認証制度」を設け，原生林伐採の禁止，プランテーション内での野生動物保護，適正な賃金の保障，地域住民の土地と地権保護に対するチェックを行って，認証。しかし，認知度が低いという問題がある。

57) 1971年3月に国鉄（現，JR）の九州地方資材部から，シャボン玉石けんの合成洗剤を使うと機関車にさびが早く出るから，無添加石けんを作ってくれとの注文がきて，シャボン玉石けんは同年4月に純石けん分96％，水分5％の無添加石けんを製造。同社の2代目の社長が，この無添加石けんで自分の体を洗って4，5日経って，1960年頃からあった体の湿疹がなくなっていたことに気づき，1974年8月に思い切って無添加石けんの製造，販売に切り替えたが，以来，赤字が続いた。ところが，1991年3月に同社の2代目の社長著『自然流せっけん読本』が出版され，ベストセラーになった上に，同社長の講演活動の反響で，1992年に黒字に転じ，2006年に液体石けんの発売以来売上高が飛躍的に伸びている。

58) 森田［2010］31-32頁。

〈参考文献〉

（日本語文献）

Wizpra［2015］『スポーツメーカー業界NPS調査レポート』Wizpra。

池内計司［2008］『つらぬく経営：世界で評価された小さな会社・池内タオルの真髄』エクスナレッジ。

大矢勝［1998］「洗剤論争に関する歴史的考察」『横浜国立大学教育人間科学部紀要　Ⅲ．社会科学』10，1-19。

大矢勝［2002］『石鹸安全信仰の幻』文藝春秋。

環境省［2012］『洗剤と化学物質』環境省。

環境省編［2016］『平成28年版環境白書・循環型社会白書・生物多様性白書：地球温暖化対策の新たなステージ』日経印刷。

佐藤可士和・四国タオル工業組合［2014］『今治タオル奇跡の復活：起死回生のブランド戦略』朝日新聞出版。

電子情報技術産業協会資材委員会［2006a］『サプライチェーンCSR推進ガイドブック：CSR項目の解説』電子情報技術産業協会。

電子情報技術産業協会資材委員会［2006b］『サプライチェーンCSR推進ガイドブック：チェックシート』電子情報技術産業協会。

日本石鹸洗剤工業会［1981］『油脂石鹸洗剤工業史：最近10年の歩み』日本石鹸洗剤工業会。

森田隼人［2010］『挑戦無添加を科学する：人と自然によりやさしく』ＰＨＰ研究エ企画。

森田光徳［1991］『自然流せっけん読本：洗たく，食器洗い，入浴，シャンプー，住いのそうじ』農山漁村文化協会。

※1　Sustainbility Due Diligence Tool

■回答の手引き

【背景と問題意識】　海外の現地法人やサプライチェーンにおけるCSRリスクの増大

　近年のグローバル化の中で，安価な労働力，豊富な資源，拡大する消費市場を求めて，**現地法人の形で日本企業の海外進出（特にアジア）**が続いています。しかし，**進出先での「CSRリスク」を認識しないまま**海外に出て行くことから，現地で環境や人権・労働にかかわる問題をNPOなどから突然指弾されて，トラブルを抱え込むケースが増えています。

　このことは**海外からの原材料・資材調達**においても同様です。直接的な契約関係にない2次・3次の海外調達先であっても，そこで環境や労務の問題が起きると，遡って**発注元企業（多くの場合，最終ブランド企業）の責任が厳しく問われ**ます。これらを**「サプライチェーンのCSRリスク」**と呼びますが，近年，国内外の有名な大企業がこの問題に遭遇しています。

　業種や操業地等によりサプライチェーンのCSRリスクは異なりますが，**コンプライアンス・社会貢献中心の「日本型CSR」は海外（特に新興国・途上国）では通用しません**。ここにCSRリスク要因が潜んでいます。それゆえ，発注元企業のCSR調達における「**SDDプロセス**」[※2]が不可欠です。

※2　Sustainbility Due Diligence Process
　SDDプロセスとは，簡単に言えば，サプライヤーに対する「CSR監査」である。Due Diligenceについて ISO26000では次のように定義している。「企業活動のライフサイクル全体における，企業の意思決定および事業活動によって起こる，実際のおよび潜在的な，社会的・環境的・経済的なマイナスの影響を回避し軽減する目的で，マイナスの影響を特定する包括的で積極的なプロセス」。

【目的と用途】 何を目指し，何を診断するのか？

① 日本企業のサプライチェーン全体のサステイナビリティの向上のために，**発注元企業（バイヤー）によるサプライヤーに対する「CSRリスク」の認識と対応の促進**が基本的な目的です。➡二者監査用の雛型の提供

② 本SDDツールは，サプライヤーの「気づき」を目的として，認識や仕組み・規定を問う『**認識編**』と具体的な取り組み・実践を問う『**実践編**』から構成されます。

③ 〔認識編と実践編の違い〕

「認識編」は「**入門基礎編**」であり，サプライヤーのCSR（デューデリジェンス）の認識や規程・仕組みの有無を問うもの。➡CSRマネジメント体制の整備状況を問う。

「実践編」は「**現場応用編**」であり，サプライヤーの業務現場で仕組みが機能しているのか，質問項目の実施状況を問うもの。➡必ずしもパフォーマンスを問うものではない。

④ 本SDDツールは，海外を意識したサプライチェーンのCSRリスクに対する認識やマネジメント体制，さらに実践状況について，**サプライヤー自身が「自己評価」**するためのツール（SAQ）です。

⑤ 本SDDツールは発注元企業（バイヤー）にとって，直接的には**第一次調達先・発注先（1st Tier）のCSRリスク評価ツール**となります。第二次以降のサプライヤーについては，第一次サプライヤーに啓発を要請しています。

【特徴】

① 「**回答者**」として中堅・中小企業のサプライヤーを想定し，**アンケート形式**で簡潔な診断評価の項目を厳選しています。

② 診断評価体系は，海外適用を視野に入れて，原則として，CSRの世界標準である**ISO26000に準拠**しています。また，EICCやJEITAなどを参考にするとともに，SMF独自の項目も採用しています。

③ 大項目として「**中核主題**」，中項目として「**課題**」を採用し，具体的な「診断項目」（質問）は「**関連する行動及び期待**」を踏まえつつ，独自の視点で設定しました。➡ISO26000の参照番号（認識編のみ）

④ 診断項目は，日本企業が実際に海外で経験したCSRリスクの事例も考慮して選択しています。

⑤ 診断項目には，スコアを記入する「必須」とスコア対象外の「**自由記述**（取り

組みや実績を含む総合的な自己評価)」の2種類があります。

⑥ 必須の診断項目は，0〜4の**5段階評価**のプルダウン・メニューにより「**スコア**（点数）を選択します。ただし，「不明」と「非該当」を含みます。

⑦ 診断項目の重要性などによる「重み付け」は可能ですが，本SDDツールには適用していません。

⑧ 本SDDツールでは「**一般CSRリスク**」を想定しており，**業種別「特定CSRリスク」**は反映していません。

★ まずはサプライヤー自身によるCSRリスクの認識が重要であるため，「1.CSRにかかわるコーポレート・ガバナンス」では，ISO26000の項目に加え独自の評価項目を多く採用しています。実際の活動局面では，人権，労働や環境汚染の問題が主たるCSR課題と位置付けています。

エクセル入力時の留意点（シート「SDDツール『認識編』，『実践編』」参照）

① 桃色のセル（診断項目）が，具体的な質問です。その右側にある回答欄（E列）の「**未入力**」セルに，スコア（整数）をプルダウンで選択してください。

② 認識編の質問は75の「必須」と14の「自由記述」，実践編の質問は81の「必須」と14の「自由記述」から構成されています。自由記述は「**スコアなし**」で，CSRの改善に向けた認識や注力した体制・仕組みの構築，さらにCSRの取り組みの現状や課題を総合的な自己評価をしてください。

③ 質問ごとに回答水準の目安として，**スコア「0」「2」「4」**の説明がありますが，回答に当たっては**中間の「1」や「3」**の選択も可能です。

④ **回答欄（E列）が空白の場合**，エラーとなりますので，「未入力」状態から0〜4でスコアを選択してください。ただし，回答するのが困難な場合は「**不明**」，また事業特性からみて質問が自社とはまったく関係ないと判断した時は「**非該当**」としてください。

⑤ 各質問にスコアを入力した後，その評価の根拠を「**確認資料**」欄に簡単に記入してください。

⑥ 質問の4階層グループまたは質問ごとに「展開」と「折りたたみ」ができますので，最左列の階層ボタン「+」「-」で調整してください。

⑦ 入力支援と管理用に，最右下部に入力状況を表示しています。

⑧ 本ツールでは「スコア」入力以外を保護していませんので，既に記入されている文字や数値や行列を変更しないようにお願いします。

⑨ スコアの入力サンプルとして，予め数値が記入されているセルがありますが，

実際の入力に当たっては全てクリアしてください。

⑩　エクセルの自動保存機能も有効ですが，回答入力ごとの**手動での保存**を推奨します。

⑪　質問文にある専門用語（※）については，クリックすると別シート「用語解説」の該当箇所に移ります。「**戻る**」を押すと，入力シートに戻ります。

スコア（評点）について

①　「**0.診断対象範囲**」は評価対象外ですが，必ず該当項目に●を記入してください。

②　7つの大項目（中核主題）ごとの質問数にかかわらず，**それぞれ最大100点**となるように自動計算されます。

③　各大項目（白抜文字）の右上部にそれぞれのスコア（最大100点）が表示され，シート最右上部には「**総スコア合計**」（最大700点）と「**平均点**」（最大100点）が表示されます。

④　大項目別（中核主題）のスコアを，別シート「診断結果集計」に**レーダーチャート**で図示しています。

印刷について

①　質問の回答グループの展開状況に応じて自動的に改ページしますが，基本的には画面に表示されている部分が印刷されます。

②　各ページのフッターには印刷日時とページ，ファイル名を表示しています。

SMFサプライチェーン・サステイナビリティ診断ツール（略称：SDDツール）

【サプライヤー企業名】○○○			参照 ISO26000	スコア	確認資料⬇	コメント⬇
				434 ←総スコア合計（最大700点）		
0.　診断対象範囲			5.2.3			
-	今回の診断対象範囲（バウンダリー）		2007.3.1			
該当範囲に● ➡		国内外企業を含む全グループ会社		評価対象外		
		海外グループ会社				
		国内グループ会社				
		本社単独				
		特定の事業所（記入）				
		その他（記入）				
1.　CSR にかかわるコーポレート・ガバナンス※			6.2	80 ←最大100点		
1.1	CSR へのコミットメント，基本方針ないし行動規範の策定		6.2.1			
1.1.1	必須	経営トップは CSR を重視する**コミットメント**※していますか？	6.2.1.2	0		
	スコア4	明確にコミットメントしている				
	スコア2	発言等はあるが，明確なコミットメントではない				
	スコア0	コミットメントしていない				
1.1.2	必須	人権，労働，環境，汚職防止を含む CSR の基本方針ないし行動規範を策定していますか？	2006.2.2	未入力		
	スコア4	4項目を含む方針ないし規範を策定している				
	スコア2	策定はしているが，一部にとどまっている				
	スコア0	策定していない				
1.2	CSR 推進体制（CSR の問題発見・対処プロセス）の構築		6.2.3			
1.2.1	必須	CSR の推進部門とその責任者（担当役員）を正式に決めていますか？	SMF	未入力		
	スコア4	推進部門と責任者の両方を決めている				
	スコア2	推進部門と責任者のいずれかを決めている				
	スコア0	推進部門と責任者のいずれも決めていない				
1.2.2	必須	従業員が報復を恐れることなく，通報できる仕組みがありますか？	SMF	4		
	スコア4	具体的な仕組みがある				
	スコア2	仕組みはあるが，通報者への報復を防止する規定がない				
	スコア0	仕組みがない				
1.2.3	必須	調達部門の中に，CSR 監査の責任者を正式に決めていますか？	SMF	4		
	スコア4	規定等で正式に決めている（任命を含む）				
	スコア2	正式には決めていないが，実態としては機能している				
	スコア0	決めていない				
1.2.4	必須	CSR 調達基準ないしサプライヤ選定方針を策定していますか？	SMF	4		
	スコア4	具体的に策定している				
	スコア2	策定はしているが，具体的ではない				
	スコア0	策定していない				
1.2.5	必須	自社のサプライチェーンの CSR リスク（人権，労働，環境，汚職防止等）を把握する仕組みがありますか？	SMF	4		
	スコア4	具体的な仕組みがある				
	スコア2	仕組みはあるが，具体的ではない				
	スコア0	仕組みがない				
1.3	CSR の企業文化		SMF			
1.3.1	必須	事業展開する国や地域の社会的課題を把握する仕組みがありますか？	SMF	未入力		
	スコア4	具体的な仕組みがある				
	スコア2	仕組みはあるが，具体的ではない				

『認識編』　Version2.1a　（2014年12月10日）

	スコア0	仕組みがない			
1.4	**ステークホルダーとの双方向コミュニケーション**		SMF		
1.4.1	必須	現地ステークホルダー（従業員，消費者，調達先，地域社会等）の期待を把握する仕組みがありますか？	SMF	未入力	
	スコア4	具体的な仕組みがある			
	スコア2	仕組みはあるが，具体的ではない			
	スコア0	仕組みがない			
1.5	**CSRに関する定期的評価・報告**		SMF		
1.5.1	必須	環境・社会・ガバナンスに関するCSR報告書を一般向けに公表していますか？	SMF	未入力	
	スコア4	3側面について公表している			
	スコア2	公表はしているが，内容が限定的である（例えば，環境のみ）			
	スコア0	公表していない			
1.5.2	必須	グループ会社に対してCSR監査*を行っていますか？	SMF	未入力	
	スコア4	全グループ会社に対して行っている			
	スコア2	行ってはいるが，一部にとどまっている			
	スコア0	行っていない			
1.6	**★CSRにかかわるコーポレート・ガバナンスへの取り組みについての自己評価（自由記述）**		SMF		
1.6.1	自由記述	コーポレー・トガバナンスの改善について，過去2年間で注力した取り組みや顕著な成果はありますか？	SMF		
	スコアなし				
1.6.2	自由記述	コーポレート・ガバナンスへの取り組みの現状や課題について，総合的な自己評価はどのようなものですか？	SMF		
	スコアなし				
2. 人権			6.3	**50**	
2.1	**人権に対する基本姿勢**		6.3.1		
2.1.1	必須	人権*に関する社会的責任が経営方針や行動規範等に明文化されていますか？	6.3.1.2	0	
	スコア4	具体的に明文化されている			
	スコア2	明文化されてはいるが，具体的ではない			
	スコア0	明文化されていない			
2.1.2	必須	操業する国や地域の雇用において人権侵害を容認しない旨を公表していますか？	6.3.5.2	未入力	
	スコア4	明快に公表している			
	スコア2	公表してはいるが，曖昧なところがある			
	スコア0	公表していない			
2.2	**人権デュー・ディリジェンス※**		6.3.3		
2.2.1	必須	事業活動における人権問題を発見する仕組みがありますか？	6.3.3.2	4	
	スコア4	具体的な仕組みがある			
	スコア2	仕組みはあるが，具体的ではない			
	スコア0	仕組みがない			
2.2.2	必須	従業員への非人道的な虐待やハラスメント*等を禁止する規定がありますか？	6.3.3.2	未入力	
	スコア4	具体的な規定がある			
	スコア2	規定はあるが，具体的ではない			
	スコア0	規定がない			
2.3	**人権に関する危機的状況の認識 ⇒ N.A.**		6.3.4		
2.4	**人権侵害の潜在的な加担の回避**		6.3.5		
2.4.1	必須	提供する物品・サービスが人権侵害に利用されないように確認する仕組みがありますか？	6.3.5.2	未入力	
	スコア4	具体的な仕組みがある			

	スコア2	仕組みはあるが，具体的ではない				
	スコア0	仕組みがない				
2.4.2	必須	非人道的な労働慣行から利益を得ている供給業者・下請業者との取引を禁止する規定がありますか？	6.3.5.2	未入力		
	スコア4	具体的な規定がある				
	スコア2	規定はあるが，具体的ではない				
	スコア0	規定がない				
2.4.3	必須	反社会的活動団体との関係を禁止する規定がありますか？	6.3.5.2	未入力		
	スコア4	具体的な規定がある				
	スコア2	規定はあるが，具体的ではない				
	スコア0	規定がない				
2.5	**人権問題に関する苦情解決**		6.3.6			
2.5.1	必須	人権問題の苦情に対する救済の仕組みがありますか？	6.3.6.2	未入力		
	スコア4	具体的な仕組みがある				
	スコア2	仕組みはあるが，具体的ではない				
	スコア0	仕組みがない				
2.6	**差別°の禁止および社会的弱者°に対する認識と尊重**		6.3.7			
2.6.1	必須	女性および女児に対する差別を禁止する規定がありますか？	6.3.7.2	未入力		
	スコア4	具体的な規定がある				
	スコア2	規定はあるが，具体的ではない				
	スコア0	規定がない				
2.6.2	必須	障がい者に対する差別を禁止する規定がありますか？	6.3.7.2	未入力		
	スコア4	具体的な規定がある				
	スコア2	規定はあるが，具体的ではない				
	スコア0	規定がない				
2.6.3	必須	児童の権利を侵害することのないように注意喚起する規定がありますか？	6.3.7.2	未入力		
	スコア4	具体的な規定がある				
	スコア2	規定はあるが，具体的ではない				
	スコア0	規定がない				
2.6.4	必須	先住民の権利を侵害することのないように注意喚起する規定がありますか？	6.3.7.2	未入力		
	スコア4	具体的な規定がある				
	スコア2	規定はあるが，具体的ではない				
	スコア0	規定がない				
2.6.5	必須	移民，移民労働者に対する差別を禁止する規定がありますか？	6.3.7.2	未入力		
	スコア4	具体的な規定がある				
	スコア2	規定はあるが，具体的ではない				
	スコア0	規定がない				
2.6.6	必須	家系を根拠に差別されている人々に対する差別を禁止する規定がありますか？	6.3.7.2	未入力		
	スコア4	具体的な規定がある				
	スコア2	規定はあるが，具体的ではない				
	スコア0	規定がない				
2.6.7	必須	人種や国籍を根拠に差別されている人々に対する差別を禁止する規定がありますか？	6.3.7.2	未入力		
	スコア4	具体的な規定がある				
	スコア2	規定はあるが，具体的ではない				
	スコア0	規定がない				
2.6.8	必須	その他の社会的弱者（高齢者，貧困者，非識字者，HIV/エイズ感染者,少数民族,宗教団体等）に対する差別を禁止する規定がありますか？	6.3.7.2	未入力		
	スコア4	具体的な規定がある				

	スコア2	規定はあるが，具体的ではない		
	スコア0	規定がない		
2.7	**市民的および政治的権利の認識と尊重**		6.3.8	
2.7.1	必須	意思決定，事業活動ならびに製品・サービスにおいて，市民的および政治的権利（生存権，財産権，言論の自由，平和的集会等）を認識し尊重する方針がありますか？	6.3.8.2	未入力
	スコア4	具体的な方針がある		
	スコア2	方針はあるが，具体的ではない		
	スコア0	方針がない		
2.8	**経済的，社会的および文化的権利の認識と尊重**		6.3.9	
2.8.1	必須	意思決定，事業活動ならびに製品・サービスにおいて，経済的，社会的および文化的権利（教育，健康，衣食住，医療，文化等）を認識し尊重する方針がありますか？	6.3.9.2	未入力
	スコア4	具体的な方針がある		
	スコア2	方針はあるが，具体的ではない		
	スコア0	方針がない		
2.9	**労働における基本的原則および権利の認識と尊重**		6.3.10	
2.9.1	必須	ILOの中核的労働基準の4分野（結社の自由と団体交渉，強制労働の禁止，児童労働の廃止，機会均等と差別の禁止）を基本的人権と認識し尊重する方針がありますか？	6.3.10.3	未入力
	スコア4	具体的な方針がある		
	スコア2	方針はあるが，具体的ではない		
	スコア0	方針がない		
2.10	**★人権尊重への取り組みについての自己評価（自由記述）**		SMF	
2.10.1	自由記述	人権尊重の改善について，過去2年間で注力した取り組みや顕著な成果はありますか？	SMF	
	スコアなし			
2.10.2	自由記述	人権尊重への取り組みの現状や課題について，総合的な自己評価はどのようなものですか？	SMF	
	スコアなし			
3. 労働慣行			6.4	67
3.1	**労働慣行に対する基本姿勢**		6.4.1	
3.1.1	必須	労働慣行に関する社会的責任が経営方針や行動規範等に明文化されていますか？	6.4.1.2	0
	スコア4	具体的に明文化されている		
	スコア2	明文化されてはいるが　具体的な内容になっていない		
	スコア0	明文化されていない		
3.2	**雇用および雇用関係**		6.4.3	
3.2.1	必須	偽装雇用による雇用主への法的義務の回避を禁止する規定がありますか？	6.4.3.2	4
	スコア4	具体的な規定がある		
	スコア2	規定はあるが，具体的ではない		
	スコア0	規定がない		
3.2.2	必須	差別意識に基づく解雇慣行を禁止する規定（合理的な解雇規定を含む）がありますか？	6.4.3.2	未入力
	スコア4	具体的な規定がある		
	スコア2	規定はあるが，具体的ではない		
	スコア0	規定がない		
3.2.3	必須	非人道的な労働環境をもつ組織との契約を禁止する規定がありますか？	6.4.3.2	4
	スコア4	具体的な規定がある		
	スコア2	規定はあるが，具体的ではない		
	スコア0	規定がない		

3.3	労働条件および社会的保護		6.4.4		
3.3.1	必須	操業する国や地域の法定最低賃金を下回らない賃金を労働者に支払う規定はありますか？	6.4.4.2	未入力	
	スコア4	具体的な規定がある			
	スコア2	規定はあるが，具体的ではない			
	スコア0	規定がない			
3.3.2	必須	法令や労働協約による労働時間と週休・有給休暇を順守する規定がありますか？	6.4.4.2	未入力	
	スコア4	具体的な規定がある			
	スコア2	規定はあるが，具体的ではない			
	スコア0	規定がない			
3.3.3	必須	強制的な無報酬の時間外労働を禁止する規定がありますか？	6.4.4.2	未入力	
	スコア4	具体的な規定がある			
	スコア2	規定はあるが，具体的ではない			
	スコア0	規定がない			
3.3.4	必須	法令による就労可能年齢に達しない児童労働を禁止する規定がありますか？	6.4.4.2	未入力	
	スコア4	具体的な規定がある			
	スコア2	規定はあるが，具体的ではない			
	スコア0	規定がない			
3.3.5	必須	操業する国や地域の宗教的な伝統や慣習を尊重する規定がありますか？	6.4.4.2	未入力	
	スコア4	具体的な規定がある			
	スコア2	規定はあるが，具体的ではない			
	スコア0	規定がない			
3.4	労働に関する労使の対話		6.4.5		
3.4.1	必須	団結権に関する労働者の権利を尊重する規定がありますか？	6.4.5.2	未入力	
	スコア4	具体的な規定がある			
	スコア2	規定はあるが，具体的ではない			
	スコア0	規定がない			
3.5	労働における安全衛生		6.4.6		
3.5.1	必須	業務上・作業上の身体的・精神的な労働安全衛生に関する方針がありますか？	6.4.6.2	未入力	
	スコア4	具体的な方針がある			
	スコア2	方針はあるが，具体的ではない			
	スコア0	方針がない			
3.5.2	必須	建物や機械装置類に対する基本的な安全対策を講じる規定・基準がありますか（法令の有無を問わない）？	JEITA	未入力	
	スコア4	具体的な規定・基準がある			
	スコア2	規定・基準はあるが，具体的ではない			
	スコア0	規定・基準がない			
3.5.3	必須	危険作業に対する基本的な個人保護具を提供する規定・基準がありますか（法令の有無を問わない）？	6.4.6.2	未入力	
	スコア4	具体的な規定・基準がある			
	スコア2	規定・基準はあるが，具体的ではない			
	スコア0	規定・基準がない			
3.5.4	必須	災害・事故等を想定し，緊急時の対応策を講じる規定・仕組みがありますか？	6.4.6.2	未入力	
	スコア4	具体的な規定・基準がある			
	スコア2	規定・基準はあるが，具体的ではない			
	スコア0	規定・基準がない			
3.6	職場における人材育成および訓練		6.4.7		
3.6.1	必須	全ての従業員に技能開発，訓練，キャリアアップの機会を与える規定がありますか？	6.4.7.2	未入力	
	スコア4	具体的な規定がある			

	スコア2	規定はあるが，具体的ではない			
	スコア0	規定がない			
3.7	★労働慣行への取り組みについての自己評価（自由記述）		SMF		
3.7.1	自由記述	労働慣行の改善について，過去2年間で注力した取り組みや顕著な成果はありますか？	SMF		
	スコアなし				
3.7.2	自由記述	労働慣行への取り組みの現状や課題について，総合的な自己評価はどのようなものですか？	SMF		
	スコアなし				
4. 環境			6.5	58	
4.1	環境問題に対する基本姿勢		6.5.1		
4.1.1	必須	環境問題に関する社会的責任が経営方針や行動規範等に明文化されていますか？	6.5.1.2	0	
	スコア4	具体的に明文化されている			
	スコア2	明文化されてはいるが，具体的な内容になっていない			
	スコア0	明文化されていない			
4.1.3	必須	環境マネジメントシステム（例えばISO14001）の認証を取得していますか？	6.5.1.2	未入力	
	スコア4	全ての事業所で取得している			
	スコア2	一部の事業所で取得している			
	スコア0	取得していない			
4.2	汚染の予防		6.5.3		
4.2.1	必須	製造工程や製品・サービスにおいて法令等で指定された化学物資を管理する規定がありますか？	6.5.3.2	4	
	スコア4	具体的な規定がある			
	スコア2	規定はあるが，具体的ではない			
	スコア0	規定がない			
4.2.2	必須	有害化学物質の管理方針を供給事業者や請負事業者等に周知する規定がありますか？	6.5.3.2	3	
	スコア4	具体的な規定がある			
	スコア2	規定はあるが，具体的ではない			
	スコア0	規定がない			
4.3	持続可能な資源の利用ならびに廃棄物削減		6.5.4		
4.3.1	必須	資源（エネルギー，水，原材料等）の利用効率を向上する方針がありますか？	6.5.4.2	未入力	
	スコア4	具体的な方針がある			
	スコア2	方針はあるが，具体的ではない			
	スコア0	方針がない			
4.4	気候変動の緩和および適応		6.5.5		
	【気候変動の緩和（GHG排出の抑制）】		6.5.5.1		
4.4.1	必須	自社のGHG（温室効果ガス）*の排出量を削減する方針がありますか？	6.5.5.2.1	未入力	
	スコア4	具体的な方針がある			
	スコア2	方針はあるが，具体的ではない			
	スコア0	方針がない			
	【気候変動への適応（脆弱性の改善）】		6.5.5.1		
4.4.2	必須	異常気象に伴う災害リスクを回避・低減する方針はありますか？	6.5.5.2.1	未入力	
	スコア4	具体的な方針がある			
	スコア2	方針はあるが，具体的ではない			
	スコア0	方針がない			
4.5	環境保護、生物多様性および自然生息地の回復		6.5.6		
4.5.1	必須	生物多様性*を尊重し保護する方針がありますか？	6.5.6.2	未入力	
	スコア4	具体的な方針がある			
	スコア2	方針はあるが，具体的ではない			

	スコア0	方針がない			
4.6	★環境問題への取り組みについての自己評価（自由記述）				
4.6.1	自由記述	環境問題の改善について，過去2年間で注力した取り組みや顕著な成果はありますか？	SMF		
	スコアなし		SMF		
4.6.2	自由記述	環境問題への取り組みの現状や課題について，総合的な自己評価はどのようなものですか？			
	スコアなし		SMF		
5. 事業慣行			6.6	38	
5.1	事業慣行と企業倫理に対する基本姿勢		6.6.1		
5.1.1	必須	事業慣行に関する社会的責任が経営方針や行動規範等に明文化されていますか？	6.6.1.2	0	
	スコア4	具体的に明文化されている			
	スコア2	明文化されてはいるが，具体的な内容になっていない			
	スコア0	明文化されていない			
5.2	汚職防止		6.6.3		
5.2.1	必須	外国公務員を含む贈収賄を防止する仕組みがありますか？	6.6.3.2	3	
	スコア4	具体的な仕組みがある			
	スコア2	仕組みはあるが，具体的ではない			
	スコア0	仕組みがない			
5.3	責任ある政治的関与		6.6.4		
5.3.1	必須	責任あるロビー活動や政治献金等に関する方針がありますか？	6.6.4.2	未入力	
	スコア4	具体的な方針がある			
	スコア2	方針はあるが，具体的ではない			
	スコア0	方針がない			
5.4	公正な競争，不適切な利益供与・受領の禁止		6.6.5		
5.4.1	必須	カルテルや入札談合等の反競争的行為への関与を防止する仕組みがありますか？	6.6.5.2	未入力	
	スコア4	具体的な仕組みがある			
	スコア2	仕組みはあるが，具体的ではない			
	スコア0	仕組みがない			
5.5	財産権の尊重		6.6.7		
5.5.1	必須	他者の財産権（先住民族の伝統的知識を含む）の侵害を防止する仕組みがありますか？	6.6.7.2	未入力	
	スコア4	具体的な仕組みがある			
	スコア2	仕組みはあるが，具体的ではない			
	スコア0	仕組みがない			
5.5.2	必須	他者の知的財産の無断使用や著作物の違法複製を防止する仕組みがありますか？	6.6.7.2	未入力	
	スコア4	具体的な仕組みがある			
	スコア2	仕組みはあるが，具体的ではない			
	スコア0	仕組みがない			
5.6	国際的に合法的な輸出管理		JEITA		
5.6.1	必須	規制対象の技術・物品の違法輸出を防止する仕組みがありますか？		未入力	
	スコア4	具体的な仕組みがある			
	スコア2	仕組みはあるが，具体的ではない			
	スコア0	仕組みがない			
5.7	製品安全性の確保		JEITA		
5.7.1	必須	原材料や部品のトレーサビリティを管理する仕組みがありますか？		未入力	
	スコア4	具体的な仕組みがある			
	スコア2	仕組みはあるが，具体的ではない			
	スコア0	仕組みがない			
5.8	情報セキュリティ		JEITA		

5.8.1	必須	コンピュータ・ネットワークへの攻撃を防御する仕組みがありますか？		未入力	
	スコア4	具体的な仕組みがある			
	スコア2	仕組みはあるが，具体的ではない			
	スコア0	仕組みがない			
5.8.2	必須	機密情報の不正利用を防止する仕組みがありますか？	JEITA	未入力	
	スコア4	具体的な仕組みがある			
	スコア2	仕組みはあるが，具体的ではない			
	スコア0	仕組みがない			
5.9	**★事業慣行への取り組みについての自己評価（自由記述）**				
5.9.1	自由記述	事業慣行の改善について，過去2年間で注力した取り組みや顕著な成果はありますか？	SMF		
	スコアなし		SMF		
5.9.2	自由記述	事業慣行への取り組みの現状や課題について，総合的な自己評価はどのようなものですか？			
	スコアなし		SMF		
6.	**S 消費者課題**		6.7	42	
(注) 消費者に直接販売することのない企業では，全ての質問が「非該当」となる。					
6.1	**消費者課題*に対する基本姿勢**		6.7.1		
6.1.1	必須	消費者課題に関する社会的責任が経営方針や行動規範等に明文化されていますか？	6.7.1.2	0	
	スコア4	具体的に明文化されている			
	スコア2	明文化されてはいるが，具体的な内容になっていない			
	スコア0	明文化されていない			
6.2	**公正なマーケティング、事実に即した情報、および公正な契約慣行**		6.7.3		
6.2.1	必須	重大な情報の省略，虚偽的・詐欺的あるいは不公正な販売慣行を禁止する規定がありますか？	6.7.3.2	3	
	スコア4	具体的な規定がある			
	スコア2	規定はあるが，具体的ではない			
	スコア0	規定がない			
6.3	**消費者の安全衛生の保護**		6.7.4		
6.3.1	必須	予期しない危険性，重大な欠陥等の場合，サービス停止や製品回収，さらに消費者・顧客への周知徹底，製品リコール，損失補償を行う仕組みがありますか？	6.7.4.2	2	
	スコア4	具体的な仕組みがある			
	スコア2	仕組みはあるが，一部にとどまっている			
	スコア0	仕組みがない			
6.4	**持続可能な消費**		6.7.5		
6.4.1	必須	ライフサイクル全体を考慮した社会的・環境的に有益な製品・サービスを提供する方針がありますか？	6.7.5.2	未入力	
	スコア4	具体的な方針がある			
	スコア2	方針はあるが，具体的ではない			
	スコア0	方針がない			
6.5	**消費者に対するサービス、支援、ならびに苦情・紛争の解決**		6.7.6		
6.5.1	必須	消費者の苦情に対し適切な救済策の選択を提供する仕組みがありますか？	6.7.6.2	未入力	
	スコア4	具体的な仕組みがある			
	スコア2	仕組みはあるが，具体的ではない			
	スコア0	仕組みがない			
6.6	**消費者データ保護およびプライバシー**		6.7.7		
6.6.1	必須	消費者の個人データおよびプライバシーを保護する仕組みがありますか？	6.7.7.2	未入力	

	スコア4	具体的な仕組みがある			
	スコア2	仕組みはあるが，具体的ではない			
	スコア0	仕組みがない			
6.7	必要不可欠なサービスへのアクセス ⇒ N.A.		6.7.8		
6.8	教育および意職向上 ⇒ N.A.		6.7.9		
6.9	★消費者課題への取り組みについての自己評価（自由記述）		SMF		
6.9.1	自由記述	消費者課題の改善について，過去2年間で注力した取り組みや顕著な成果はありますか？	SMF		
	スコアなし				
6.9.2	自由記述	消費者課題への取り組みの現状や課題について，総合的な自己評価はどのようなものですか？	SMF		
	スコアなし				
7. 地域社会の発展			6.8		100
7.1	地域社会の発展に対する基本姿勢		6.8.1		
7.1.1	必須	地域社会の持続可能な発展に対する貢献が経営方針等に明文化されていますか？	6.8.2		未入力
	スコア4	具体的に明文化されている			
	スコア2	明文化されてはいるが，具体的な内容になっていない			
	スコア0	明文化されていない			
7.2	地域社会への参画		6.8.3		
7.2.1	必須	先住民族を含む地域社会に影響を及ぼす開発では，事前に彼らと協議する方針がありますか？	6.8.3.2		4
	スコア4	具体的な方針がある			
	スコア2	方針はあるが，具体的ではない			
	スコア0	方針がない			
7.3	教育および文化		6.8.4		
7.3.2	必須	人権尊重の原則に即して，地域の伝統的文化を認識し尊重する方針がありますか？	6.8.4.2		4
	スコア4	具体的な方針がある			
	スコア2	方針はあるが，具体的ではない			
	スコア0	方針がない			
7.4	雇用創出および技能開発		6.8.5		
7.4.1	必須	雇用や能力開発に関して，社会的弱者に配慮する方針がありますか？	6.8.5.2		未入力
	スコア4	具体的な方針がある			
	スコア2	方針はあるが，具体的ではない			
	スコア0	方針がない			
7.5	技術開発および技術へのアクセス ⇒ N.A.		6.8.6		
7.6	富および所得の創出		6.8.7		
7.6.1	必須	可能な限り，地元（広義には当該国）の製品・サービスの購入を優先し，サプライヤー育成に貢献する方針がありますか？	6.8.7.2		未入力
	スコア4	具体的な方針がある			
	スコア2	方針はあるが，具体的ではない			
	スコア0	方針がない			
7.6.2	必須	地域社会から撤退する時の経済的・社会的影響を考慮する方針がありますか？	6.8.7.2		未入力
	スコア4	具体的な方針がある			
	スコア2	方針はあるが，具体的ではない			
	スコア0	方針がない			
7.7	地域社会の健康		6.8.8		
7.7.1	必須	生産プロセスや製品・サービスによる地域社会への健康被害をなくすよう努力する方針がありますか？	6.8.8.2		4
	スコア4	具体的な方針がある			
	スコア2	方針はあるが，具体的ではない			

	スコア0	方針がない	
7.8	**社会的投資 ⇒ N.A.**		
7.9	**★地域社会の発展への貢献についての自己評価（自由記述）**		SMF
7.9.1	自由記述	地域社会の発展への貢献について，過去2年間で注力した取り組みや顕著な成果はありますか？	SMF
	スコアなし		
7.9.2	自由記述	地域社会の発展への貢献の現状や課題について，総合的な自己評価はどのようなものですか？	SMF
	スコアなし		

必須	76
自由記述	14
合計	90

1.CSRにかかわるコーポレート・ガバナンス※
2. 人権
3. 労働慣行
4. 環境
5. 事業慣行
6. 消費者課題
7. 地域社会の発展

SMFサプライチェーン・サステイナビリティ診断ツール　（略称:SDDツール）

【サプライヤー企業名】○○○			スコア	確認資料⬇	コメント⬇
			363	←総スコア合計（最大700点）	
0.　診断対象範囲					
-	今回の診断対象範囲（バウンダリー）		評価対象外		
該当範囲に●➡		国内外企業を含む全グループ会社			
		海外グループ会社			
		国内グループ会社			
		本社単独			
		特定の事業所（記入）			
		その他（記入）			
1.　CSRにかかわるコーポレートガバナンス			25	←最大100点	
1.1	**CSRの基本方針や行動規範を実践するための計画・目標の策定と実効性**				
1.1.1	必須	人権，労働，環境，汚職防止を含むCSRの中長期計画（3年以上）を策定していますか？	1		
	スコア4	4項目を含むCSR中長期計画を策定している			
	スコア2	CSR中長期計画を策定しているが，一部にとどまる			
	スコア0	CSR中長期計画を策定していない			
1.1.2	必須	人権，労働，環境，汚職防止を含むCSR改善のための数値目標※を設定していますか？	未入力		
	スコア4	4項目を含む明確な数値目標を設定している			
	スコア2	数値目標を設定しているが，一部にとどまる			
	スコア0	数値目標を設定していない			
1.1.3	必須	CSRの中長期計画を運用していますか？	未入力		
	スコア4	中長期計画の全項目を適切に運用している			
	スコア2	中長期計画を運用しているが，一部にとどまる			
	スコア0	中長期計画を運用していない（策定していない）			
1.2	**ガバナンス体制（CSRの意思決定や監視）の構築**				
1.2.1	必須	取締役会や経営会議などでCSRを議題にしていますか？	未入力		
	スコア4	定期的に議題としている			
	スコア2	不定期に議題としている			
	スコア0	まったく議題にしていない			
1.2.2	必須	CSR問題の発生時に対応できる仕組みはありますか？	未入力		
	スコア4	規程等で担当部署と手順を明確に決めている			
	スコア2	規程等はないが，担当部署は明らかである			
	スコア0	該当する仕組みはない			
1.2.3	必須	サプライチェーンのCSRリスクをモニターしていますか？	未入力		
	スコア4	主要なサプライヤーの全てについてモニターしている			
	スコア2	サプライヤーの一部についてモニターしている			
	スコア0	モニターしていない			
1.3	**CSRの企業文化の醸成**				
1.3.1	必須	現地の社会的課題を把握していますか？	未入力		
	スコア4	重要なものはほぼ把握している			
	スコア2	話題となったものは把握している			
	スコア0	把握していない			
1.4	**ステークホルダーとの双方向コミュニケーション**				
1.4.1	必須	適切な現地NPO・NGOと定期的な対話を行っていますか？	未入力		
	スコア4	定期的に対話を行っている			
	スコア2	不定期に対話を行っている			
	スコア0	対話は行っていない			
1.5	**CSRにかかわるガバナンス・プロセスの定期的評価**				
1.5.1	必須	サプライヤーのCSR監査※を行っていますか？	未入力		
	スコア4	定期的に主要なサプライヤーの全てに行っている			
	スコア2	不定期に一部のサプライヤーに行っている			
	スコア0	行ってない			
1.5.2	必須	CSRにかかわるコーポレートガバナンスについて第三者から助言を受けていますか？	未入力		
	スコア4	定期的に助言を受けている			
	スコア2	不定期に助言を受けている			

『実践編』　Version1.1　（2015年10月20日）

	スコア0	受けていない		
1.6	★CSRにかかわるコーポレートガバナンスの実践についての自己評価（自由記述）			
1.6.1		CSRにかかわるガバナンスについて，過去2年で注力した取り組みや顕著な成果はありますか？		
	自由記述			
1.6.2		CSRにかかわるガバナンスの現状や課題について，総合的な自己評価はどのようなものですか？		
	自由記述			
	2．人権		100	←最大100点
2.1	人権デューディリジェンス※			
2.1.1	必須	人権デューディリジェンスを実施していますか？	4	
	スコア4	規定に基づき，適切に実施している		
	スコア2	実施しているが，十分ではない		
	スコア0	実施していない		
2.1.2	必須	人権※に関する社会的責任をサプライヤーに啓発していますか？	未入力	
	スコア4	規定に基づき，主要サプライヤーに適切に実施している		
	スコア2	実施しているが，十分ではない		
	スコア0	実施していない		
2.2	人権に関する危機的状況の認識 ⇒ N.A.			
2.3	人権侵害の加担の回避			
2.3.1	必須	非人道的な労働慣行の供給業者・下請業者との取引を禁止してますか？	未入力	
	スコア4	厳格に禁止している		
	スコア2	注意をするが，取引は続けている		
	スコア0	黙認し，取引は続けている。		
2.3.2	必須	法的措置を除き，居住者の強制退去への加担を禁止していますか？	未入力	
	スコア4	規程等で明確に禁止している		
	スコア2	規程等はあるが，曖昧である		
	スコア0	規程等を策定していない		
2.3.3	必須	調達先における人権の取り組みを把握していますか？	未入力	
	スコア4	主要サプライヤーについて，十分に把握している		
	スコア2	十分には把握していない		
	スコア0	把握していない		
2.4	人権問題に関する苦情解決			
2.4.1	必須	人権問題に対する救済の仕組みは利用しやすいものですか？	未入力	
	スコア4	利用困難者にも十分配慮している		
	スコア2	社内には公表している		
	スコア0	社内には公表していない		
2.5	差別※の禁止および社会的弱者※に対する業務慣行			
2.5.1	必須	女性および女児を差別していませんか？	未入力	
	スコア4	差別禁止の規定があり，差別はまったくない		
	スコア2	差別禁止の規定はあるが，差別を把握できていない		
	スコア0	差別禁止の規定はなく，差別がある		
2.5.2	必須	障がい者を差別していませんか？	未入力	
	スコア4	差別禁止の規定があり，差別はまったくない		
	スコア2	差別禁止の規定はあるが，差別を把握できていない		
	スコア0	差別禁止の規定はなく，差別がある		
2.5.3	必須	児童労働をしていませんか？	未入力	
	スコア4	禁止規定があり，児童労働はまったくない		
	スコア2	禁止規定はあるが，児童労働を把握できていない		
	スコア0	禁止規定はなく，児童労働を行っている		
2.5.4	必須	強制労働をしていませんか？	未入力	
	スコア4	禁止規定があり，強制労働はまったくない		
	スコア2	規程規定はあるが，強制労働を把握できていない		
	スコア0	禁止規定はなく，強制労働を行っている		

2.5.5	必須	先住民の権利を侵害していませんか？	未入力	
	スコア4	尊重規定があり，権利侵害はまったくない		
	スコア2	尊重規定はあるが，権利侵害を把握できていない		
	スコア0	尊重規定はなく，権利侵害を行っている		
2.5.6	必須	移民・移民労働者を差別していませんか？	未入力	
	スコア4	差別禁止の規定があり，差別はまったくない		
	スコア2	差別禁止の規定はあるが，差別を把握できていない		
	スコア0	差別禁止の規定はなく，差別がある		
2.5.7	必須	性的少数者（LGBTI）を差別していませんか？	未入力	
	スコア4	差別禁止の規定があり，差別はまったくない		
	スコア2	差別禁止の規定はあるが，差別を把握できていない		
	スコア0	差別禁止の規定はなく，差別がある		
2.5.8	必須	家系を根拠に差別していませんか？	未入力	
	スコア4	差別禁止の規定があり，差別はまったくない		
	スコア2	差別禁止の規定はあるが，差別を把握できていない		
	スコア0	差別禁止の規定はなく，差別がある		
2.5.9	必須	人種や国籍を根拠に差別していませんか？	未入力	
	スコア4	差別禁止の規定があり，差別はまったくない		
	スコア2	差別禁止の規定はあるが，差別を把握できていない		
	スコア0	差別禁止の規定はなく，差別がある		
2.6		市民的および政治的権利の認識と尊重　⇒NA		
2.7		経済的，社会的および文化的権利の認識と尊重 ⇒NA		
2.8		労働における基本的原則および権利の認識と尊重　⇒NA		
2.9		★人権尊重への取り組みについての自己評価（自由記述）		
2.9.1		人権尊重の改善について，過去2年間で注力した取り組みや顕著な成果はありますか？		
	自由記述			
2.9.2		人権尊重への取り組みの現状や課題について，総合的な自己評価はどのようなものですか？		
	自由記述			
		3．労働慣行	75	←最大100点
3.1		雇用および雇用関係		
3.1.1	必須	労働に関する社会的責任が明記された全社方針や行動規範等を社内に浸透させていますか？	3	
	スコア4	eラーニングや研修会等を通じて社内に十分に浸透させている		
	スコア2	社内に規定等の通知はしているが，浸透のための取り組みは十分ではない		
	スコア0	浸透の取り組みはしていない		
3.1.2	必須	同一事業内の同一価値労働について同一賃金を支給していますか？	未入力	
	スコア4	同一価値労働，同一賃金の原則を遵守している		
	スコア2	同一価値労働，同一賃金の原則を十分には遵守していない		
	スコア0	同一価値労働，同一賃金の原則はまったく実施してない		
3.1.3	必須	従業員の教育，配置，昇進，定年，解雇慣行などで差別をしていませんか？	未入力	
	スコア4	差別をまったくしていない		
	スコア2	取り組みはしているが，十分ではない		
	スコア0	取り組みはしていない		
3.2		労働条件および社会的保護		
3.2.1	必須	身体的または精神的な抑圧による労働を強要していませんか？	未入力	
	スコア4	強要はまったくしていない		
	スコア2	強要の管理は十分ではない		
	スコア0	管理はしていない		
3.2.2	必須	偽装雇用をしていませんか？	未入力	
	スコア4	偽装はまったくしていない		
	スコア2	偽装の管理は十分ではない		
	スコア0	管理はしていない		

3.2.3	必須	パスポートなどの身分証明書，労働許可証の引き渡しを求めていませんか？	未入力		
	スコア4	引き渡しを一切求めていない			
	スコア2	一部の従業員に対しては，引き渡しを求めている			
	スコア0	全ての従業員に引き渡しを求めている			
3.2.4	必須	可能な限り，ワークライフバランスの取れる労働条件を整えていますか？	未入力		
	スコア4	可能な限り，整えている			
	スコア2	整えているが，十分ではない			
	スコア0	整えていない			
3.2.5	必須	可能な限り，操業国現地のあるいは宗教的な伝統・習慣を許可していますか？	未入力		
	スコア4	可能な限り，十分に許可している			
	スコア2	許可しているが，十分ではない			
	スコア0	許可していない			
3.2.6	必須	非人道的な労働条件の組織との契約をしていませんか？	未入力		
	スコア4	契約はまったくしていない			
	スコア2	管理はしているが，十分ではない			
	スコア0	管理していない			
3.3	雇用に関する労使の対話				
3.3.1	必須	結社の自由，労働組合への加入・活動，抗議行動を理由に不利益を与えていませんか？	未入力		
	スコア4	不利益を一切与えていない			
	スコア2	問題は認識しているが，管理は十分ではない			
	スコア0	まったく認識していない			
3.3.2	必須	労働組合がない場合，労働問題について話し合える代替措置を講じますか？	未入力		
	スコア4	代替措置を講じている			
	スコア2	要望があれば，代替措置を講じている			
	スコア0	取り組みはしていない			
3.4	労働における安全衛生				
3.4.1	必須	建物や機械装置類に対する安全対策を講じ，かつ保守点検を定期的に行っていますか？	未入力		
	スコア4	両者について，適切に実施している			
	スコア2	両者についての取り組みは，十分ではない			
	スコア0	取り組みはしていない			
3.4.2	必須	従業員に対し職務遂行に必要な個人保護具を提供し，かつ安全教育を定期的に行っていますか？	未入力		
	スコア4	両者について，適切に実施している			
	スコア2	両者についての取り組みは，十分ではない			
	スコア0	取り組みはしていない			
3.4.3	必須	作業場で発生した事故，疾病について，休業補償を行っていますか？	未入力		
	スコア4	十分な補償を行っている			
	スコア2	補償しているが，十分ではない			
	スコア0	まったく補償していない			
3.4.4	必須	災害時に備えて，作業場の火災探知システム，消火設備，非常口設備を設置していますか？	未入力		
	スコア4	全てについて，適切に設置している			
	スコア2	設置しているが，十分ではない			
	スコア0	設置はしていない			
3.4.5	必須	災害時に備えて，避難計画を策定し，従業員へ避難方法を周知していますか？	未入力		
	スコア4	両者について，十分に実施している			
	スコア2	取り組みはしているが，十分ではない			
	スコア0	取り組みはしていない			
3.4.6	必須	妊産婦，障がい者，その他の脆弱労働者に対する特別の安全衛生措置を取っていますか？	未入力		
	スコア4	十分な措置を取っている			

	スコア2	措置を取っているが，十分ではない		
	スコア0	取り組みはしていない		
3.4.7	必須	全ての従業員に健康管理を定期的に行っていますか？	未入力	
	スコア4	全従業員に適切に実施している		
	スコア2	実施しているが，十分ではない		
	スコア0	まったく実施していない		
3.5	職場における人材育成および訓練			
3.5.1	必須	全従業員に技能開発，訓練，実習への参加及びキャリアアップの機会を付与していますか？	未入力	
	スコア4	十分に付与している		
	スコア2	付与しているが，十分ではない		
	スコア0	まったく付与していない		
3.6	★労働慣行への取り組みについての自己評価（自由記述）			
3.6.1		労働慣行の改善について，過去2年間で注力した取り組みや顕著な成果はありますか？		
	自由記述			
3.6.2		労働慣行への取り組みの現状や課題について，総合的な自己評価はどのようなものですか？		
	自由記述			
4. 環境			88	←最大100点
4.1	汚染の予防			
4.1.1	必須	規定に基づき，製造工程において有害化学物質を管理していますか？	4	
	スコア4	規定どおり，適切に管理している		
	スコア2	規定どおりに管理していないところがある		
	スコア0	管理していない		
4.1.1	必須	規定に基づき，製品・サービスの含有について有害化学物質を管理していますか？	3	
	スコア4	規定どおり，適切に管理している		
	スコア2	規定どおりに管理していないところがある		
	スコア0	管理していない		
4.1.2	必須	規定に基づき，有害化学物質の管理方針を供給事業者，請負事業者等に周知していますか？	未入力	
	スコア4	規定どおり，広く定期的に周知徹底している		
	スコア2	状況に応じて周知している		
	スコア0	周知していない		
4.2	持続可能な資源の利用ならびに廃棄物削減			
4.2.1	必須	省エネルギーのための自主目標を設定していますか？	未入力	
	スコア4	設定しており，具体的で明確である		
	スコア2	設定しているが，曖昧なところがある		
	スコア0	策定していない		
4.2.2	必須	省資源（水，原材料など）のための自主目標を設定していますか？	未入力	
	スコア4	設定しており，具体的で明確である		
	スコア2	設定しているが，曖昧なところがある		
	スコア0	策定していない		
4.2.3	必須	廃棄物削減のための自主目標を設定していますか？	未入力	
	スコア4	設定しており，具体的で明確である		
	スコア2	設定しているが，曖昧なところがある		
	スコア0	策定していない		
4.3	気候変動の緩和および適応			
	【気候変動の緩和（GHG排出の抑制）】			
4.3.1	必須	GHG排出量削減のための自主目標を設定していますか？	未入力	
	スコア4	設定しており，具体的で明確である		
	スコア2	設定しているが，曖昧なところがある		
	スコア0	策定していない		
4.3.2	必須	エネルギー効率の高い製品・サービスを購入していますか？	未入力	

	スコア4	グリーン調達基準などに規定し，広範囲にわたり積極的に購入している		
	スコア2	状況に応じて購入している		
	スコア0	購入していない		
	【気候変動への適応（脆弱性の改善）】			
4.3.3	必須	気候変動による損害の回避・最小化を図っていますか？	未入力	
	スコア4	方針に基づき，具体的な施策を積極的に推進している		
	スコア2	経済的・技術的に可能な範囲で対策を実施している		
	スコア0	対策を実施していない		
4.4	**環境保護，生物多様性※および自然生息地の回復**			
4.4.1	必須	生態系の喪失回避を優先していますか？	未入力	
	スコア4	方針に基づき，具体的な施策を積極的に推進している		
	スコア2	経済的・技術的に可能な範囲で対策を実施している		
	スコア0	対策を実施していない		
4.5	**★環境問題への取り組みについての自己評価（自由記述）**			
4.5.1		環境問題の改善について，過去2年間で注力した取り組みや顕著な成果はありますか？		
	自由記述			
4.5.2		環境問題への取り組みの現状や課題について，総合的な自己評価はどのようなものですか？		
	自由記述			
	5.　事業慣行		**50** ←最大100点	
5.1	**汚職防止**			
5.1.1	必須	汚職防止策について，役員及び従業員に対して方針を徹底していますか？	2	
	スコア4	十分に徹底している		
	スコア2	取り組みはしているが，十分ではない		
	スコア0	取り組みはしていない		
5.1.2	必須	汚職防止策について，請負業者，供給業者に対して方針を徹底していますか？	未入力	
	スコア4	十分に徹底している		
	スコア2	取り組みはしているが，十分ではない		
	スコア0	取り組みはしていない		
5.1.3	必須	顧客との不適切な利益の供与や受領（接待，贈物など）を防止するマニュアルがありますか？	未入力	
	スコア4	具体的な防止マニュアルがある		
	スコア2	防止マニュアルがあるが，曖昧である		
	スコア0	防止マニュアルはない		
5.1.4	必須	従業員が報復を恐れることなく汚職を通報できる仕組みがありますか？	未入力	
	スコア4	十分な仕組みがある		
	スコア2	仕組みはあるが，報復防止は曖昧である		
	スコア0	仕組みはない		
5.2	**責任ある政治的関与**			
5.2.1	必須	責任あるロビー活動や政治献金等に関する方針を役員及び従業員に徹底していますか？	未入力	
	スコア4	十分に徹底している		
	スコア2	取り組みはしているが，十分ではない		
	スコア0	取り組みはしていない		
5.3	**公正な競争，不適切な利益供与・受領の禁止**			
5.3.1	必須	反競争的行為（カルテルや入札談合）への関与を防止する方針を，役員及び従業員に徹底していますか？	未入力	
	スコア4	両者に対し，十分に徹底している		
	スコア2	取り組みはしているが，十分ではない		
	スコア0	取り組みはしていない		
5.4	**財産権の尊重**			
5.4.1	必須	他者の財産権（先住民族の伝統的知識を含む）の侵害を防止する方針を，役員及び従業員に徹底していますか？	未入力	

		スコア4	両者に対し，十分に徹底している	
		スコア2	取り組みはしているが，十分ではない	
		スコア0	取り組みはしていない	
5.4.2	必須	他者の知的財産の無断使用や著作物の違法複製を防止する方針を，役員及び従業員に徹底していますか？		未入力
		スコア4	両者に対し，十分に徹底している	
		スコア2	取り組みはしているが，十分ではない	
		スコア0	取り組みはしていない	
5.5	国際的に合法的な輸出管理			
5.5.1	必須	規制対象の技術・物品の違法輸出を防止する方針を，役員及び従業員に徹底していますか？		未入力
		スコア4	両者に対し，十分に徹底している	
		スコア2	取り組みはしているが，十分ではない	
		スコア0	取り組みはしていない	
5.6	製品安全性の確保			
5.6.1	必須	原材料や部品のトレーサビリティの仕組みを運用していますか？		未入力
		スコア4	適切に運用している	
		スコア2	運用はしているが，十分ではない	
		スコア0	運用はしていない	
5.6.2	必須	製品・サービスの事故やクレーム等を想定し，緊急時の対応マニュアルがありますか？		未入力
		スコア4	具体的かつ実際的な対応マニュアルがある	
		スコア2	対応マニュアルはあるが，曖昧である	
		スコア0	対応マニュアルはない	
5.7	情報セキュリティ			
5.7.1	必須	サイバー攻撃及び企業秘密漏洩を防御する対策を徹底していますか？		未入力
		スコア4	両者に対し，十分に徹底している	
		スコア2	取り組みはしているが，十分ではない	
		スコア0	取り組みはしていない	
5.8	★事業慣行への取り組みについての自己評価（自由記述）			
5.8.1		事業慣行の改善について，過去2年間で注力した取り組みや顕著な成果はありますか？		
	自由記述			
5.8.2		事業慣行への取り組みの現状や課題について，総合的な自己評価はどのようなものですか？		
	自由記述			
6. 消費者課題（消費者に直接販売することのないサプライヤーでは，全ての質問が「非該当」となる。）			25	←最大100点
6.1	公正なマーケティング，事実に即した情報，および公正な契約慣行			
6.1.1	必須	重大な情報の省略，虚偽的・詐欺的あるいは不公正な販売慣行を禁止する規定を，社内に徹底していますか？		1
		スコア4	十分に徹底している	
		スコア2	取り組みはしているが，十分ではない	
		スコア0	取り組みはしていない	
6.1.2	必須	広告やマーケティングの際に，社会的弱者の不利益を生じさせないように配慮していますか？		未入力
		スコア4	十分に配慮している	
		スコア2	配慮はしているが，十分ではない	
		スコア0	配慮はしていない	
6.1.3	必須	販売地の言語で比較可能かつ正確で理解しやすい情報を提供していますか？		未入力
		スコア4	適切に提供している	
		スコア2	提供しているが，十分ではない	
		スコア0	提供していない	
6.2	消費者の安全衛生の保護			

6.2.1	必須	通常または当然予見される使用条件で，使用者とその健康，財産にとって安全な製品・サービスであるよう配慮していますか？	未入力		
	スコア 4	十分に配慮している			
	スコア 2	取り組みはしているが，十分ではない			
	スコア 0	取り組みはしていない			
6.3	持続可能な消費				
6.3.1	必須	消費者に製品及びサービスに関する情報（性能，健康に及ぼす影響，原産国，エネルギー効率，内容物，原材料など）を提供していますか？	未入力		
	スコア 4	十分に提供している			
	スコア 2	取り組みはしているが，十分ではない			
	スコア 0	取り組みはしていない			
6.4	消費者に対するサービス、支援、ならびに苦情・紛争の解決				
6.4.1	必須	紛争解決，救済の仕組みだけでなく，アフターサービスやサポートの利用方法についても消費者に明確に伝えていますか？	未入力		
	スコア 4	明確に伝えている			
	スコア 2	取り組みはしているが，十分ではない			
	スコア 0	取り組みはしていない			
6.5	消費者データ保護およびプライバシー				
6.5.1	必須	収集する消費者の個人情報は，自発的に同意されたものに限定するよう徹底していますか？	未入力		
	スコア 4	十分に徹底している			
	スコア 2	取り組みはしているが，十分ではない			
	スコア 0	取り組みはしていない			
6.6	必要不可欠なサービスへのアクセス ⇒ N.A.				
6.7	教育および意識向上 ⇒ N.A.				
6.8	★事業慣行への取り組みについての自己評価（自由記述）				
6.8.1		事業慣行の改善について，過去2年間で注力した取り組みや顕著な成果はありますか？			
	自由記述				
6.8.2		事業慣行への取り組みの現状や課題について，総合的な自己評価はどのようなものですか？			
	自由記述				
7. 地域社会の発展			**0**	←最大 100 点	
7.1	地域社会への参画				
7.1.1	必須	先住民族を含む地域社会に影響を及ぼす事業開発では，事前に彼らと協議する方針を役員及び従業員に徹底していますか？	0		
	スコア 4	十分に徹底している			
	スコア 2	取り組みはしているが，十分ではない			
	スコア 0	取り組みはしていない			
7.1.2	必須	事業の参入または撤退に当たっては，地域社会への経済的・社会的影響を考慮していますか？	未入力		
	スコア 4	十分に配慮している			
	スコア 2	配慮はしているが，十分ではない			
	スコア 0	配慮はしていない			
7.2	地域の教育および文化への貢献				
7.21	必須	人権尊重の原則に即して，地域の伝統的文化を認識し尊重する方針を役員及び従業員に徹底していますか？	未入力		
	スコア 4	十分に徹底している			
	スコア 2	取り組みはしているが，十分ではない			
	スコア 0	取り組みはしていない			
7.3	雇用創出および技能開発				
7.3.1	必須	地域における事業展開に伴う投資や外注が，地域社会の雇用創出につながるよう配慮していますか？	未入力		
	スコア 4	十分に配慮している			
	スコア 2	配慮はしているが，十分ではない			
	スコア 0	配慮はしていない			
7.4	技術開発および技術へのアクセス				

7.4.1	必須	地域における社会的・環境的課題の解決に貢献しうる技術移転や技術開発に取り組んでいますか？	未入力		
	スコア4	十分に取り組んでいる			
	スコア2	取り組んではいるが，十分ではない			
	スコア0	取り組んでいない			
7.5	富および所得の創出				
7.5.1	必須	調達において，可能な限り地元（広義には当該国）の製品・サービスを優先し，地元のサプライヤー育成に取り組んでいますか？	未入力		
	スコア4	十分に取り組んでいる			
	スコア2	取り組んではいるが，十分ではない			
	スコア0	取り組んでいない			
7.6	地域社会の健康				
7.6.1	必須	事業における生産プロセスや製品・サービスが，地域社会へ健康被害を及ぼさないよう取り組んでいますか？	未入力		
	スコア4	十分に取り組んでいる			
	スコア2	取り組んではいるが，十分ではない			
	スコア0	取り組んでいない			
7.7	社会的投資				
7.7.1	必須	社会的弱者や貧困層のため食糧等の必需品を提供するプログラムへ協力していますか？	未入力		
	スコア4	十分に協力している			
	スコア2	協力してはいるが，十分ではない			
	スコア0	協力していない			
7.8	★地域社会の発展への貢献についての自己評価（自由記述）				
7.8.1		地域社会の発展への貢献について，過去2年間で注力した取り組みや顕著な成果はありますか？			
	自由記述				
7.8.2		地域社会の発展への貢献の現状や課題について，総合的な自己評価はどのようなものですか？			
	自由記述				

必須	81
自由記述	14
合計	95

付録　SMFサプライチェーン・サスティナビリティ診断結果サマリー

	認識編 評点	実践編 評点	ウエイト
1．コーポレート・ガバナンス	80	25	1.0
2．人権	50	100	1.0
3．労働慣行	67	75	1.0
4．環境	58	88	1.0
5．事業慣行	38	50	1.0
6．消費者課題	42	25	1.0
7．地域社会の発展	100	0	1.0
			1.0
合計	434	363	797
最大	700	700	1400
平均	62	52	57

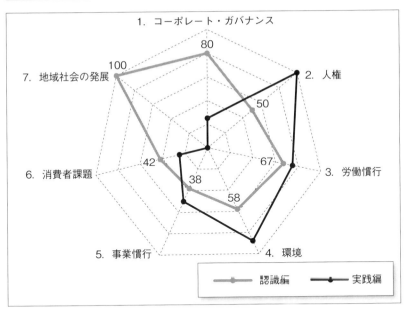

■ 用語解説

コーポレート・ガバナンス

- 企業がその目的を追求するうえで，意思を決定し，それを実施するシステム。ガバナンスの仕組みには2種類がある。一つは，規定された構造とプロセスに基づいた公式の仕組み（内部統制を含む）。もう一つは，経営層の考え方の影響を受ける企業文化や価値観として現れる非公式の仕組み。
- CSRの文脈では，自らの意思決定と事業活動の与える影響に責任をもち，CSRを企業全体と業務上の関係者に浸透させる最も決定的な要素。

コミットメント

- 日本語にはなりにくいが，一般には3つの意味がある。①委託・委任，②責任を持った約束・公約・確約，③責任を持つ深い関わり・介入。
- CSRの文脈では，②ないし③の意味で使われることが多く，特に「トップ・コミットメント」は重要である。状況によっては，約束した必達目標（数値）に向けた努力の意味でも使われる。

CSR監査

- 財務，経理，商品の性能・品質などとは別に，企業自らが環境・社会・経済に与える影響について調査を行い，CSRリスクの種類と大きさを確認すること。内部監査と外部（第二者・第三者）監査がある。
- 調達先（サプライヤー）に対して品質・価格・納期だけではなく，環境的・社会的・統治的に適切な活動を行っているかをサプライチェーン・マネジメントとして調査する場合には，「CSR調達監査」と言う。

人権

- 人権とは，全ての人に与えられた基本的権利，すなわち，生きている人間の権利である。人権には2種類ある。一つは市民的・政治的権利（自由及び生存，法の下の平等，表現の自由など），他方は経済的・社会的・文化的権利（労働・食糧・健康・教育・社会保障など）。
- 企業にはその影響力の範囲内で人権を尊重する責任があり，人権侵害への「加担」も回避しなければならない。

デュー・ディリジェンス

- CSRの文脈では，企業の活動や製品・サービスのライフサイクル全体において，企業の意思決定と事業活動によって起こる実際のないし潜在的な社会的・環境的・経済的なマイナスの影響を回避し軽減する目的で，自らマイナスの影響を特定する包括的かつ積極的なプロセス。
- 企業はそれを防止し対処する責任を負う。「CSR監査」と同じ意味で使われることもある。

差別

- 平等な扱いや機会均等をなくす区別・排除または優先で，その動機は偏見や先入観に基づく。差別の根拠には，人種・皮膚の色・性別・年齢・言語・国籍や出身国・民族や社会的出自・宗教・経済的背景・障害・妊娠，さらに政治的信条などがある。
- 最近では，配偶者の有無・家族状況・HIV/エイズ・性的嗜好（LGBT）などもある。差別によって雇用・労働や処遇における不当な格差を設けることがあり，また間接的に行われることもある。

社会的弱者

- 差別または社会的・経済的・文化的・政治的もしくは身体的に不利な状況にあって，自ら
の生存権を確立すると共に，安寧な生活を享受する機会を得るための手段を平等にもたな
い個人，および集団。
- 例えば，女性や女児，障がい者，児童，先住民族，人種や家系を根拠に差別されている人々，
あるいは高齢者，貧困者，非識字者，少数民族など。

温室効果ガス

- 地球温暖化（気候変動）の原因物質として可能性の高い，人間活動による温室効果をもつ
気体の総称（略称 GHG）。気候変動枠組条約第3回締約国会議（COP3）の京都議定書では，
二酸化炭素（CO_2），メタン（CH_4），一酸化二窒素（N_2O）など6種のガスが削減対
象となった。
- 地上気温の上昇は，18世紀の産業革命後に GHG 排出が増えたことによる人為起源によ
るものであると，IPCC はほぼ断定した。
- ＧＨＧは，自然環境と人間環境に甚大な影響を及ぼすと認識され，予想されている。

生物多様性

- 生物は進化の過程で分化し，生息場所に応じた相互関係を築いてきた。その中で陸生種・
水生種を問わず生物間に違いが生まれ，「生態系の多様性」「種の多様性」「遺伝子の多様性」
が出現した。
- 国際的な取り組みとして，1993年に生物多様性条約が発効した。2010年の生物多様
性条約第10回締約国会議（COP10）で，生物多様性の損失速度を減少させる2050
年までの戦略「愛知目標」と，遺伝資源の取り扱いに関する「名古屋議定書」が採択された。

ハラスメント

- 身体的，精神的，立場的な嫌がらせであり，他者に対する発言や行動が，その意図にかか
わらず相手を不快にさせる，尊厳を傷つける，人格を侵害する，不利益を与える，脅威を
与えることなど。
- 例えば，パワー・ハラスメントとは，職務上の地位の優位性を背景に，その立場や権限を
利用または逸脱して，精神的・身体的苦痛を与える行為。これにより，労働条件に不利益
を与える，就業環境を悪化させる，雇用不安を与えることがある。

消費者課題

- CSRとしては，公正なマーケティング，安全衛生，持続可能な消費，紛争解決・救済，
プライバシー保護，製品・サービスへのアクセス，消費者ニーズへの対応，消費者教育が
課題である。
- 国際的に認められた消費者の権利は次のとおり。安全の権利，知らされる権利，選択する
権利，意見が聞き入れられる権利，基礎的ニーズが保障される権利，救済される権利，教
育を受ける権利，健全な生活環境の権利。さらに，プライバシーの尊重，予防的アプロー
チ，男女平等及び女性の地位向上，ユニバーサル・デザインも追加された。

注：原則として，本用語解説は ISO26000 の定義や記述に準拠している。

結びに代えて

　本書では，まず第1章で，われわれの地球の危機ともいえる温暖化の議
論から始めた。大油田の発見から石油に依存してきたが，その枯渇が心配
され，代替エネルギーの開発が叫ばれてはいるものの，石油に代わる代替
エネルギーの開発は容易ではない。一方で，1980年代に入ると電気や燃料
の消費による地球温暖化という気候変動問題が台頭した。1992年に世界は，
国際連合の下，大気中の温室効果ガスの濃度を安定化させることを究極の
目標とする気候変動に関する国際連合枠組条約を採択し，地球温暖化対策
に世界全体で取り組んでいくことに合意した。気候変動に関する政府間パ
ネルは「人為的温暖化説」を認め，1997年の気候変動に関する国際連合枠
組条約第3回締約国会議で先進国のみに義務を課してきたが，2015年の気
候変動に関する国際連合枠組条約第21回締約国会議ですべての国が参加す
ることになった。日本では，エネルギー源の多くを輸入に頼っていること
から，エネルギー源の多様化を推し進める必要が出ており，水素エネルギ
ーが二酸化炭素を排出せず，多くのモノから作ることが可能ということで
注目され，それによってエネルギーの安全保障や安定供給の面でエネルギ
ー問題と地球環境問題両者の同時克服が可能であると見られている。

　そして，環境経営の根幹ともいえる持続可能な開発についての議論から，
第2章へと続けた。1960年代以降，グローバル規模で環境の悪化が進み，
1972年の国際連合の国際人間環境会議で，経済開発と環境の劣化との関係
が初めて国際的に議題となった。それ以来，1980年に国際自然保護連合が
国連環境計画と世界自然保護基金と共同で，「世界環境保全戦略」を発表し，
ここで持続可能な開発という概念が初めて提起された。その後，1987年に
国際連合の環境と開発に関する世界委員会による最終報告書「地球の未来
を守るために」で，持続可能な開発がさらに広く認知されるようになった。
このような世界的流れの中で，日本でも官民一体となった環境対応を行う

ようになった。

　第3章では，日本の廃棄物政策について触れた。日本では，環境制約と資源制約の克服に向けた資源効率のための資源政策ではなく，単なる廃棄物を処分するための廃棄物政策の色合いが強い。資源の循環利用のためにサーマル・リサイクルよりは，繰り返し循環的に利用可能な質の高いリサイクルが求められている。

　第4章では，環境マネジメント・システムの国際規格であるISO 14001について取り上げた。これは，組織の環境パフォーマンスを継続的に向上させ，経営上のメリットを生み出すツールである。企業などの活動が，環境に及ぼす影響を最小限にとどめることを目的に定められたものである。継続的な改善のために，経営ツールとしての認識や経営トップの理解が必要である。また，社会的責任に関するガイダンス規格であるISO 26000についても見てみた。これは，組織の持続可能な発展への貢献を助けることを意図している。自社のビジネスを持続可能にするために，サプライチェーンも視野に入れて，最も厳しい法規制に合わせて，自社独自のグローバルルールを策定して，リスクの大きさや緊急性などから優先度を決めて取り組むべきである。

　一方で，企業が提供しているさまざまな形の情報によって情報過多による複雑性が増した上に，情報が相互に関連付けられておらず，2008年のリーマン・ショック以降投資が短期志向に流れていることへの危惧から，財務情報と非財務情報を関連付けて簡潔に企業の持続可能性を理解できる新たなコミュニケーションツールとして統合報告書が注目されてきた。民間組織の国際統合報告評議会が2013年に「国際統合報告フレームワーク」を公表したことによって，長期的な価値創造という観点から財務情報と非財務情報を統合した統合報告書の作成が日本企業の間で加速している。統合報告書は，組織の全体を物語るものである。読み手を定め，企業がこれまで開示してきた情報の中で重要なものは何かを企業自身が見極め，価値創造のプロセスに焦点を当て，その情報を関連付けて論理的にメッセージ性を持ったストーリーで伝え，その他の詳細な情報はウェブサイトや他の冊子などで伝える必要がある。

新たに導入せねばならなくなったスチュワードシップ・コードとは，金融機関を中心とした企業の株式を保有する機関投資家のあるべき姿を規定した行動規範のことである。金融機関による投資先企業の経営監視などの取り組みが不十分であったことに対する反省に立ち作られた。これは，企業の財務政策を直接監視するもので，企業の長期的な成長を経済全体の発展へとつなげるために，機関投資家が積極的な役割を果たすことに主眼が置かれている。

　また，ほぼ同時に導入すべき規範として加わったものに，コーポレートガバナンス・コードがある。これは，上場企業が遵守すべき事項を規定した行動規範，つまり株主の権利の保護，取締役会の役割，役員報酬のあり方などを網羅したものである。企業の持続的な成長と中長期的な企業価値の向上を図ることに主眼が置かれている。

　これらのコードは，日本企業の国際競争力を高めるために打ち出されたもので，日本企業の経営者がリスクを恐れ，新規設備投資やM&Aなど攻めの経営を躊躇したり，収益を株主への配当や従業員の賃上げに回さず，内部留保としてため込んだりさせずに，前向きな事業展開を引き出すことが狙いである。

　企業の社会的責任としてのCSRの考え方も変わってきた。つまり，CSRは本業と一体化して考えるべきものとなってきている。CSRでは，企業がステークホルダーの利害を尊重し法を守り，透明性の高い形で人権の保護や，公正な雇用の確保，環境の保全などの課題に取り組み，その取り組みに対して説明責任を果たすことが求められる。ステークホルダーのニーズを理解しつつ，それを本業と結び付けビジネスチャンスとしていくことがCSR本来の姿といえよう。そして，その姿勢が投資家からも評価される時代が今そこまで来ている。当初は，社会的要請からCSRに取り組み始めた企業も，社会的責任を果たすことが自社の存在と持続可能な成長の必要条件であるとの意識が高まり，当初は企業にとってコストでしかなかったCSR活動も，本業と結び付けた形で行われるようになり，本業の持続的な価値創造や競争力向上に結び付くような活動へと変わってきた。

　最後に，環境破壊はバランスを欠いた経済活動が原因であったことをわ

れわれは反省すべきである。経済活動を受け持つ企業にとって，今後どういった環境経営を行うかが重要になりつつある中で，環境経営に積極的な日本企業が年々増加してきており，環境問題を取り上げた新聞・雑誌などの記事にその事例が多く取り上げられてきている。これらの日本企業では，経営トップの意志によって環境経営が企業組織一丸となって進められてきている。環境経営活動が低迷する主な理由としては，経営トップのリーダーシップが弱いことが挙げられる。本業における改善活動が企業収益にもつながるという視点が欠けているためである。環境問題を重要な経営課題として認識し，達成できる範囲内で目標を立てることも重要である。長期的な企業価値の増大に向け，企業不祥事の続発に鑑み，ガバナンスを強化して，経営の透明性を高めるべきである。

　これまで祖先から引き継いできた環境から恩恵を享受してきたが，これからは将来世代に確実に継承させていくという責務を果たしていくべきである。真に豊かな社会のために，大量生産，大量消費，大量廃棄という経済社会の構造をまず根本から見直し，社会のあらゆる主体による役割分担のもとで，環境への負荷の少ない健全な経済発展を図りながら，持続可能な社会を構築すべきである。

　最後に，本書を書くのに助言をいただいた龍谷大学経営学部細川孝先生，愛知学院大学経営学部丹下博文先生，広島修道大学人間環境学部豊澄智己先生，大阪市立大学生産システム研究会の中瀬哲史先生，坂本清先生，田口直樹先生，牧良明先生を始め他の先生方にも心から感謝を申し上げる。また，本書の出版を引き受けていただいた（株）白桃書房の代表取締役社長大矢栄一郎氏に心よりお礼を申し上げる。

●著者紹介

金恵珍（キム　ヘイチン）

2006年　大阪市立大学大学院経営学研究科後期博士課程単位取得退学
2008年　博士（商学）（大阪市立大学）

■ 本業と一体化した環境経営

■ 発行日──2017年1月16日　初版発行　　　　　〈検印省略〉

■ 著　者──金恵珍

■ 発行者──大矢栄一郎

■ 発行所──株式会社　白桃書房

　　　　〒101-0021　東京都千代田区外神田5-1-15
　　　　☎03-3836-4781　📠03-3836-9370　振替00100-4-20192
　　　　http://www.hakutou.co.jp/

■ 印刷・製本──藤原印刷
　　　©Kim Heichin 2017 Printed in Japan　ISBN 978-4-561-25687-8 C3034

好 評 書